FORSCHUNGSBERICHTE
DES WIRTSCHAFTS- UND VERKEHRSMINISTERIUMS
NORDRHEIN-WESTFALEN

Herausgegeben von Ministerialdirektor Dipl.-Ing. L. Brandt

Nr. 13

Techn.-Wissenschaftl. Büro für die Bastfaserindustrie, Bielefeld

Das Naßspinnen von Bastfasergarnen mit chemischen Zusätzen zum Spinnbad

Als Manuskript gedruckt

SPRINGER FACHMEDIEN WIESBADEN GMBH

1952

ISBN 978-3-663-12835-9   ISBN 978-3-663-14480-9 (eBook)
DOI 10.1007/978-3-663-14480-9

Forschungsberichte des Wirtschafts- und Verkehrsministeriums Nordrhein-Westfalen

G l i e d e r u n g

1. Versuche mit chemischen Zusätzen zum Spinnbad, Fadenbruchhäufigkeit und Garnqualität .... S. 5

2. Kontrolle von Geweben aus Garnen, gesponnen mit chemischen Zusätzen .... S. 3o

3. Technische Einrichtung für zentrale Spinnwasserversorgung und für Spinnen mit chemischen Zusätzen .... S. 32

Forschungsberichte des Wirtschafts- und Verkehrsministeriums Nordrhein-Westfalen

Das Naßspinnen von Bastfasergarnen mit chemischen Zusätzen zum Spinnbad

Die Veröffentlichungen und Mitteilungen der ehem. Techn. Abteilungen am Max-Planck-Institut für Bastfaserforschung haben eindringlich auf die Möglichkeit hingewiesen, durch Zusatz von textilchemischen Hilfsmitteln zum Spinnwasser die Fadenbruchhäufigkeit in einem starken Maße herabzusetzen und dadurch den Wirkungsgrad der Naßspinnmaschine beim Spinnen von Flachs- und Flachswerggarnen günstig zu beeinflussen. Zahlreiche Spinnversuche sowohl auf der Flügel- als auch auf der Ringspinnmaschine mit 8 - 12 s Durchlaufdauer des Vorgarns durch das Spinnbad hatten bei Verwendung zweckentsprechender Zusatzmittel überraschend günstige Ergebnisse, verglichen mit normalem Arbeiten ohne Zusätze. Die Fadenbruchzahlen gingen auf rd. 50 % ihrer Werte, teilweise noch auffälliger herunter. Unter anderem erwiesen sich die Produkte Avirol SW 20 (sulfoniertes Ricinusöl und Mineralöl) der Böhme Fettchemie G.m.b.H. und Nekal AEM (Isopropylnaphthalinsulfosäure und Leim) der I.G. Farbenindustrie[1] in einer Zusatzmenge von 1 - 2 g je Liter Spinnwasser, also 0,1 - 0,2 % als besonders wirksam.

Der Sinn der vom T.W.B. Bastfaser auftragsgemäß durchgeführten Untersuchungen war, eine Bestätigung dieser Ergebnisse im praktischen Betrieb herbeizuführen und dabei möglichst Erkenntnisse über die spezifischen Ursachen der eintretenden Beeinflussung zu sammeln, aus denen sich die Möglichkeit ergäbe, die am meisten wirksamen Zusätze zu bestimmen. Dieser zusammenfassende Bericht enthält die bisher erzielten Resultate und geht schließlich auf technische Einrichtungen ein, die zur Anwendung des Spinnverfahrens mit Zusätzen vorzuschlagen sind.

---

1) Badische Anilin- und Soda-Fabrik, Ludwigshafen a.Rh.

Die Verbesserung des Spinnens beruht auf der Einwirkung der zugesetzten Mittel auf das Gefüge der im Vorgarn befindlichen technischen Fasern und auf der Unterstützung der Wassereinwirkung beim Durchlauf des Vorgarns durch das Spinnbad. Dabei sind folgende Einflüsse denkbar:

Der Zusatz bewirkt ein rasheres Eindringen des Wassers in das Vorgespinst, damit ein intensiveres Aufweichen der Faserbindesubstanzen und einen glatteren Verzug (Netzer). Diese Wirkung kann gegebenenfalls durch verstärkte Quellung der Faser erhöht werden (Alkali). Eine Verbesserung der Fasergleitung beim Verzug kann dadurch angestrebt bzw. herbeigeführt werden, daß durch geeignete Mittel eine Überführung der Faserbegleitstoffe in kolloidale Form, in der sie als "Schmiermittel" dienen können, bewirkt wird (Emulgatoren). Der Zusatz eines Kolloids zum Spinnbad kann insofern vorteilhaft sein, als er dort Verbesserungen des Verzuges schafft, wo die Bildung von Kolloiden aus den Faserbegleitsubstanzen ausbleibt oder ungenügend ist (Leim). Schließlich ist die Beigabe von Stoffen zu erwägen, die weichmachend und schmierend wirken und damit Verzug und Gespinstbildung fördern. Zu dieser Gruppe von Zusatzmitteln gehört das bereits erwähnte Avirol.

Unsere zu beschreibenden Versuche gingen u.a. dahin, durch Einsatz spezifisch wirkender Zusätze die oben angedeuteten Erscheinungen herbeizuführen und in ihrer Auswirkung auf das Spinnen gegeneinander abzuwägen. Nicht einbezogen werden konnte die Prüfung des Avirol SW 20, da dieses Produkt noch nicht wieder hergestellt wird. Die wiederholt gegebene Zusage der Lieferfirma, einen Versuchsposten zur Verfügung zu stellen, wurde nicht eingehalten. Ein geliefertes Ersatzmittel Avirol DSW brachte nicht erprobte gute Ergebnis des Avirol SW 20.

Die Versuche wurden in der Ravensberger Spinnerei A.G., Bielefeld, durchgeführt, für deren Unterstützung und Mitarbeit an dieser Stelle verbindlicher Dank gesagt wird. Zur Verfügung stand eine Flügelspinnmaschine mit 2 3/4" Teilung. Da zwecks

Einhaltung der Konzentration bei Zusatz von Chemikalien das
Arbeiten mit direktem Dampf als Heizquelle des Spinnbades
nicht statthaft ist, wurde ein Teil des Wasserkastens entsprechend 31 Spinnstellen für sich abgedichtet und mittels
einer eingesetzten Dampfschlange indirekt erwärmt. Gesponnen
wurden Flachswerggarne Nm 10 und Nm 11 aus verschiedenen hier-
für vorbereiteten Vorgarnpartien. Da sich die Versuche über
viele Monate erstreckten, konnte naturgemäß eine völlige Kon-
stanz der Mischungen nicht eingehalten werden, so daß die Ergebnisse der Fadenbruchaufnahmen und der Garnprüfungen nicht unbe-
schränkt miteinander verglichen werden können. Maßgebend und
vergleichbar sind die bei jeder Versuchsreihe für sich festgestellten Verhältniswerte zwischen dem Spinnen mit und ohne Zusatz. In allen Fällen wurde zudem absichtlich mit zwei verschiedenen Vorgarnqualitäten gearbeitet.

Bei 6,4 - 7,2fachem Spinnverzug und einer mittleren Lieferung
von 8 1/2 - 9 m/min Garn betrug die Durchlaufzeit des Vorgarns
durch den vollen Wasserkasten 13 - 16 s.

Der Zusatz der Chemikalien erfolgte nach folgendem Plan: Täg-
lich zweimal, nämlich vor Betriebsbeginn und während der Mittags-
pause, wurde nach Entleerung und gründlicher Säuberung des
Trogs dieser mit Frischwasser vollgefüllt (50 l) und bis ca.
65° C aufgeheizt. Dann erfolgte die Beigabe des vorher aufge-
lösten Zusatzmittels. Um die Konzentration des Bades praktisch
unverändert zu lassen, durfte - ebensowenig wie direkter Dampf
als Heizmittel zulässig war - auch keine Zugabe von Frischwasser als Ersatz für die vom Vorgarn abgeführte Flüssigkeit er-
folgen. Im Verlauf des Halbtages verringerte sich die Flüssigkeitsmenge im Trog auf 25 - 30 l, und es ergab sich dement-
sprechend zuletzt eine Durchlaufzeit von 6,5 - 8 s. Im Mittel
betrachtet ist für die oben angegebenen Spinndaten eine <u>Durch
laufdauer des Vorgarns durch das Spinnbad von 9 - 11 s</u> anzugeben.

Im wesentlichen wurde Augenmerk darauf gerichtet, die Auswirkung der angewandten Zusätze zum Spinnbad auf die <u>Fadenbruch-</u>

häufigkeit festzustellen. Aus früheren Untersuchungen war bekannt, daß eine eindeutige Qualitätsverbesserung bei den bisher erprobten Mitteln nicht nachweisbar ist. Die festgestellten Garnwerte bewegen sich innerhalb der üblichen Streugrenzen. Es blieb lediglich zu kontrollieren, ob nicht eine Verringerung der Qualität als Folge der Zusätze eintrat. Allerdings ist nach dem Charakter der Zusätze und der angewandten äußerst geringen Konzentration eine derartige Befürchtung nicht zu hegen. Einen Ausnahmefall bildeten hierbei allerdings die mit Alkalizusatz gesponnenen Garne, die einer strengen Prüfung - auch nach längerer Lagerung - unterworfen werden mußten.

Die Versuche gestalteten sich langwierig, denn die für derart exakte Beobachtungen unerläßlichen konstanten Verhältnisse ließen sich naturgemäß in der praktischen Spinnerei nur unter Schwierigkeiten erreichen. Vielfache Wiederholungen waren erforderlich, ehe über die zuerst verwirrende Streuung der Beobachtungsresultate hinaus ein stabiler Mittelwert der Fadenbruchzahlen festgestellt werden konnte.

Außer einigen Grunduntersuchungen, die den Feststellungen über den Einfluß der Durchlaufzeit des Vorgarns durch das Bad, der Wassertemperatur und der Wasserhärte auf die Fadenbruchzahlen und die Garneigenschaften dienten, wurden folgende Zusätze bzw. Kombinationen erprobt:

Nekal BX   als Netzmittel (isobutylnaphthalinsulfosaures Natrium, BASF)

Nekal A   als Emulgator (Isopropylnaphthalinsulfosäure BASF)

Ätznatron (NaOH)   als Quellungsmittel

Ätznatron (NaOH) und Nekal BX zwecks Netz- und Quellwirkung

Nekal A und Leim (79 Gewichtsprozent) als Emulgator mit Kolloideinlagerung. Die Mischung entsprach, ihren Komponenten nach, dem bewährten Präparat Nekal AEM, welches derzeit im Handel noch nicht vorhanden ist.

Versuchsergebnisse

Vorversuche:

Einfluß der Durchlaufdauer des Vorgarns durch das Wasserbad ohne Zusätze

Tabelle 1 [2)]

Werggarn Nm 10, Mischung I

Verzug 6,4fach, Wassertemperatur 65° C

Vers. Nr.	Durchlaufdauer (s)	Fbr.	Rm km	U %	d %	Rm_{10} kg	Qual.
210/1	13,1	10	15,2	16,3	1,9	6,3	Ia m.K.
210/2	8,4	14	14,7	16,3	1,7	6,2	Ia m.K.
210/3	5,3	24	13,7	17,2	1,8	5,9	mech.K.

Tabelle 2

wie vor, jedoch Mischung II

Vers. Nr.	Durchlaufdauer (s)	Fbr.	Rm km	U %	d %	Rm_{10} kg	Qual.
211/1	13,1	14	14,7	14,0	1,8	6,2	Ia m.K.
211/2	8,4	25	13,4	17,3	1,7	5,9	mech.K.
211/3	5,3	22	13,8	18,3	1,7	6,0	mech.K.

Bei diesen Versuchen wurde der Troginhalt (50, 35 und 25 l) während der gesamten Beobachtungsperiode konstant gehalten.

Die Fadenbruchhäufigkeit steigt mit verkürztem Wasserweg stark an. Es ist anzunehmen, daß der bei 211/3 festgestellte Wert ein Zufallsergebnis ist und richtig über 30 liegt, was aus den Zahlen aller anderen Versuche ohne weiteres zu folgern ist. Der

---

[2)] Für alle Tabellen gilt: Fbr. = Anzahl d.Fadenbrüche je 100/ Spdlstd., Rm= Reißlänge in km, U= Ungleichmäßigkt.d.Festigkeit in %, d= Bruchdehnung in %, Rm_{10}= 10-Bruchbelastung bez.auf Nm 1 in kg, Qual. = Qualitätsbezeichnung.

Rückgang der Garnqualität ist weniger auffallend, wenn er auch der Tendenz nach der Veränderung der Fadenbruchzahl entspricht.

Einfluß der Wassertemperatur
(ohne Zusätze)

Tabelle 3

Werggarn Nm 10, Mischung I
Verzug 6,4fach, Durchlaufdauer 13 s

Vers. Nr.	Wassertemp. °C	Fbr.	Rm km	U %	d %	Rm$_{10}$ kg	Qual.
210/4	65	9	15,2	16,3	1,9	6,3	Ia m.K.
210/5	45	10	15,2	14,6?	1,8	5,2	Ia m.K.—
210/6	25	16	13,0	17,2	1,6	4,4	Ia Sch.—

Tabelle 4

wie vor, jedoch Mischung II

Vers. Nr.	Wassertemp. °C	Fbr.	Rm km	U %	d %	Rm$_{10}$ kg	Qual.
211/4	65	14	14,7	14,0	1,8	6,2	Ia m.K.
211/5	45	19	14,3	16,5	1,7	5,7	mech.K.
211/6	25	48	12,0	17,4	1,6	4,8	Ia Sch.

Der Anstieg der Fadenbruchhäufigkeit ist deutlich, ebenso das Abnehmen der Garnqualität beim Spinnen mit 25° C. Wie zu erwarten, machen sich Unterschiede gegenüber dem Spinnen mit Normaltemperatur (65° C) auch schon bei 45° C bemerkbar, jedoch nur wenig auffällig. Natürlich ist der Einfluß der Wassertemperatur je nach Flachssorte verschieden. Es sei hier auf die ausführliche Ausarbeitung des Deutschen Forschungsinstituts für Bastfasern e.V., Sorau, "Untersuchung des Einflusses ver-

schiedener Feinspinnbedingungen auf die Festigkeit und
Gleichmäßigkeit von Flachsgarnen, Teil V: Temperatur des
Spinnbades" verwiesen, in der Flächse verschiedener Röstart
und Provenienz (russische, deutsche, belgische) in ihrem diesbezüglichen Verhalten beschrieben worden sind. Hier kam es nur
darauf an, die Beeinflussung der für die Untersuchungen verwendeten Mischungen festzustellen, die im Verlauf der Untersuchungsreihe zwar nicht völlig gleichwertig, in der Zusammensetzung aber ähnlich blieben. Auch bei diesen Versuchen wurde
bei stets vollem Wasserkasten gesponnen.

Einfluss der Wasserhärte
(ohne Zusätze)

Tabelle 5

Werggarn Nm 10, Mischung I

Verzug 6,4fach, Durchlaufdauer 13 s bei 65° C

Vers. Nr.	Wasserhärte °d.H.	Fbr.	Rm km	U %	d %	Rm_{10} kg	Qual.
210/7	0	17	15,3	17,8	1,9	6,4	Ia m.K.
210/8	ca. 12	11	14,3	17,3	1,8	6,2	Ia m.K.
210/9	ca. 40	19	14,6	17,6	1,8	6,4	Ia m.K.

Tabelle 6

wie vor, jedoch Mischung II

Vers. Nr.	Wasserhärte °d.H.	Fbr.	Rm km	U %	d %	Rm_{10} kg	Qual.
211/7	1	15	14,6	15,3	1,6	6,2	Ia m.K.
211/8	ca. 12	23	14,2	16,2	1,6	5,9	mech.K.
211/9	ca. 40	17	14,9	15,3	1,8	6,0	Ia m.K.

Die Prüfung des Einflusses der Wasserhärte hat eine ausgeprägte Tendenz nicht erwiesen. Räumt man selbst - unter der Annahme,

daß der festgestellte Fadenbruchwert für 210/8 zu niedrig
liegt - dem Spinnen mit enthärtetem Wasser einen Vorteil hinsichtlich der Fadenbruchhäufigkeit und Garngüte ein, so ist er
als gering anzusprechen. Es kam bei diesem Versuch darauf an,
die Größenordnung dieser Beeinflussung ungefähr festzustellen,
um beurteilen zu können, ob eine **eventuelle** Verbesserung beim
Arbeiten mit Zusätzen, gegebenenfalls auf die Enthärtungswirkung des Zusatzes zurückgeführt werden kann. Das Ergebnis des
Vorversuches hat aber gezeigt, daß dies bei erheblichen Veränderungen nicht der Fall sein kann. Zudem war diese Untersuchung
nötig, da das Spinnwasser in der Spinnerei hinsichtlich seiner
Härte - wenn auch nicht erheblich - wechselte und wir uns in
dieser Richtung gegen unbeabsichtigte Einflüsse sichern mußten.

Gesponnen wurde mit vollem Wasserkasten.

H a u p t v e r s u c h e :

Zusatz eines Netzmittels (Nekal BX)

Die Hauptversuche wurden eingeleitet mit der Verwendung des
bekannten I.G.-Netzmittels N e k a l BX als Zusatzmittel zum
Spinnbad. Das Nekal stand als wässrige Paste in 50 %iger Konzentration zur Verfügung. Alle folgenden Angaben über Konzentration beziehen sich auf die Trockensubstanz.

Die Netzfähigkeit, gemessen an der Benetzungszeit einer Schleife Flachsvorgarns (ca. 0,3 g), zeigt Tabelle 7 in Gegenüberstellung mit der diesbezüglichen Wirkung des im Rahmen dieser
Arbeit ebenfalls geprüften Mittels Nekal A.

Tabelle 7

Konzentration in Leitungswasser	Benetzungszeit Nekal BX	Nekal A
0,5 g/l	52 min	1 Std. 24 min
1,0 g/l	10 min	26 min
2,0 g/l	38 s	3 min 8 s
3,0 g/l	12 s	35 s
5,0 g/l	5 s	8 s

Die Streuung der Ergebnisse bei der Beobachtung der Fadenbruchzahlen machte - wie bei allen noch zu beschreibenden Spinnversuchen - zahlreiche Wiederholungen erforderlich, so daß alle in der Tabelle 8 ff. genannten Zahlen Mittelwerte aus mehreren Einzelversuchen sind. Die in den Tabellen ausdrücklich als "Mittelwerte" bezeichneten Zahlen sind darüber hinaus Zusammenfassungen sämtlicher Versuchsergebnisse. Die angeführten Werte der Garneigenschaften sind Ergebnisse von Einzelprüfungen, die teilweise nur stichprobenartig gemacht wurden.

Vers.202: Werggarn Nm 11 Mischg. I[3], V=7,2 Durchlauf 11s bei 65°C
" 202a: " Nm 11 " I[4], V=7,2 " 11s " 65°C
" 204: " Nm 10 " I , V=6,4 " 9s " 65°C
" 203: " Nm 10 " II, V=6,4 " 9s " 65°C

Tabelle 8

Zusatz	Fadenbrüche je 100 Spdlstd.				Mittel %
	Vers.202	Vers.202a	Vers.204	Vers.203	
ohne	42,2	12,4	11,1	53,0	100
1 g/l Nekal BX	38,0	7,1	9,9	46,9	82
2 g/l Nekal BX	26,0	4,9	8,4	50,7	71
3 g/l Nekal BX	21,0	11,1	10,0	53,5	86
5 g/l Nekal BX	26,8	12,8	12,7	50,2	99

Die in der Tabelle mitangeführten Mittelwerte der Fadenbruchzahlen, prozentual bezogen auf die Fadenbruchhäufigkeit beim Spinnen ohne Zusatz, sind unter Beobachtung von mehr Faktoren berechnet, als in diesem Bericht aus Gründen der Übersichtlichkeit wiedergegeben werden konnte. Sie sind nicht ohne weiteres aus den angeführten Zahlen der Fadenbrüche je 100 Spdlstd. zu ermitteln. Diese sind im einzelnen angegeben, um einerseits die Streuung

---

[3] sehr verschlechtert

[4] wieder verbessert

in dem Grad der Beeinflussung aufzuzeigen, aber auch darzulegen, daß a l l e Versuche die übereinstimmende Tendenz der Verbesserung des Spinnens bei Zusatz von Nekal BX in Konzentrationen um 2 g/l zum Spinnbad wiedergeben.

Im Mittel aller Versuche ergibt sich ein Abnehmen der Fadenbrüche auf 71 %, bezogen auf die Fadenbruchzahlen beim Normalspinnen. Dieser Vorteil ist auf die netzende Wirkung des Zusatzmittels zurückzuführen, dessen Konzentration jedoch offenbar nicht über etwa 2,5 g/l hinausgehen darf. Bei stärkeren Beigaben wird das Bad seifig und das Vorgarn glitschig. Neben einer erschwerten Handhabung des nassen Vorgarns durch die Spinnerin und eines starken Aufweichens der Holzdruckwalzen entstehen anscheinend durch den geschilderten Zustand des Vorgarns Unregelmäßigkeiten beim Verzug, die ein Wiederansteigen der Fadenbruchhäufigkeit bei höheren Konzentrationen bewirken.

In diesem Zusammenhang ist das Ergebnis von Untersuchungen interessant, die gelegentlich des Spinnens mit Nekal BX hinsichtlich der Wasseraufnahme bzw. -entnahme durch das Vorgarn durchgeführt wurden und auf die in aller Kürze hier eingegangen werden soll.

Diese Untersuchungen des Wassergehalts in dem aus dem Wasserkasten tretenden Vorgarn wurden auf zweierlei Weise vorgenommen:

1. Durch Messung der Flüssigkeitsabnahme im Kasten, die - bezogen auf die durchgelaufene Gewichtsmenge Vorgarn - natürlich den besten Mittelwert für den von einer Anzahl von Spinnstelle zu Spinnstelle leicht variabler Faktoren abhängigen Wassergehalt des austretenden Vorgespinstes ergibt, allerdings den Fehler der unvermeidlichen Verdunstungsverluste enthält.

2. Durch Auffangen und Konditionieren einzelner Fäden, eine Methode, die an und für sich exakter ist, hingegen stärkerer Streuung unterliegt. Bei der Errechnung der Wasserentnahme nach dieser Konditioniermethode ist ein Normalfeuchtigkeits-

gehalt von 10,7 % (= 12 % Zuschlag auf das absolute Trockengewicht) für das lufttrockene Vorgarn zu berücksichtigen.

Tabelle 9 gibt die festgestellten Werte der Wasserentnahme durch das Vorgarn beim Spinnen ohne und mit verschieden hohen Nekalzusätzen wieder. Die Zahlen sind Mittelwerte aus allen vorgenommenen Versuchen und ebenfalls Mittelwerte aus den Feststellungen nach den beiden vorbeschriebenen Verfahren. Sie sind ausgedrückt in Prozent der Wasserentnahme beim Spinnen ohne Zusatz (= 100 %). Bezogen auf das Gewicht lufttrockenen Vorgarns, lagen die Zahlen zwischen 400 % und 500 % Wasser.

<u>Tabelle 9</u>

Werggarn Nm 10/11, Mischungen I u. II
Verzug 6,4 - 7,2fach, Durchlauf 9 - 11 s bei 65° C

Zusatz	Wasseraufnahme des Vorgarns
---	100 %
1 g/l Nekal BX	98 %
2 g/l Nekal BX	92 %
3 g/l Nekal BX	93 %
5 g/l Nekal BX	97 %

Zunächst ergibt sich unerwartet, daß bei höheren Zusätzen des Nekals die Menge der vom Vorgarn nach dem Austritt aus dem Wasserkasten mitgeführten Flüssigkeitsmenge geringer ist, als bei Verwendung eines reinen Wasserbades. Daß ein Eindringen des Wassers durch das Nekal BX begünstigt wird, steht außer Frage und ergibt sich aus der in Tabelle 7 veranschaulichten netzenden Wirkung des Mittels. Es darf aber nicht vergessen werden, daß der Wassergehalt des Vorgarns nicht unmittelbar nach Verlassen der Wasseroberfläche, sondern erst nach dem bereits eingetretenen Feuchtigkeitsverlust nach Austritt aus dem Kasten gemessen wurde. Dies berücksichtigt, ist eine Erklärung dahingehend möglich, daß die mit dem Netzmittel versehene Flüssigkeit leichter abtropft und demzufolge beim Gleiten des Vorgespinstes über die Troglippe eine größere Menge abgestreift wird und in den Kasten zurückfließt. Somit wäre der geringere Prozentsatz Wasser in dem auslaufenden Vorgarn gerade ein Merkmal für eine bessere Durchdringung des Vorgarns.

Vergleicht man nämlich die Zahlen der Wasserentnahme mit den Mittelwerten der Fadenbruchhäufigkeiten in Tabelle 8, so ist eine, wenn auch nicht ins einzelne gehende, so doch parallel laufende Tendenz dahin zu erkennen, daß eine Verbesserung des Spinnens eintritt, wenn das Vorgarn eine geringere Menge Flüssigkeit nach dem Austritt aus dem Wasserkasten mit sich führt.

Der Vergleich ergibt - sofern man sich die obige Erklärung zu eigen macht - die Bestätigung, daß die Zusatzmenge von 2 g/l Nekal BX optimale Verhältnisse schafft. Fraglich bleibt, warum sich nach Überschreiten dieses Wertes, der, wie Tabelle 7 zeigt, keineswegs ein Maximum der Netzkraft auslöst, deren Wirkung für unser Problem der Spinnbadwirksamkeit wieder abnimmt, sowohl nach den Zahlen der Fadenbrüche (Tab. 8), als auch nach dem konformen Verhalten der Zahlenreihe in Tab. 9. Hier kann nur wieder verwiesen werden auf den unerfreulich glitschigen Zustand des Vorgarns nach Überschreiten einer gewissen Zusatzmenge im Spinnbad.

Zur Beurteilung der Garnqualität bei Gebrauch des Nekal BX als Spinnbadzusatz seien nachstehend in Tabelle 10 die Ergebnisse der diesbezüglich vorgenommenen Untersuchungen bei den Versuchen 202a, 204 und 203 (vergl. S. 9) wiedergegeben.

Die Resultate sind uneinheitlich. Glaubt man, bei 203 eine negative Beeinflussung zu erkennen - übrigens also bei dem Versuch, der die verhältnismäßig geringste Beeinflußbarkeit des Spinnens erwiesen hat -, so zeigen die Werte bei 202a und 204 die übliche Streuung und geben nicht die geringsten Anzeichen einer Qualitätsbeeinflussung.

Tabelle 10

Vers. Nr.	Zusatz	Rm km	U %	d %	Rm_{10} kg	Qual.
202a	ohne	14,4	18,3	1,6	6,7	Ia m.K.
	1 g/l Nekal BX	12,6	16,6	1,7	5,5	mech.K.
	2 g/l Nekal BX					
	3 g/l Nekal BX	15,8	15,3	1,8	7,2	Ia m.K.
	5 g/l Nekal BX	15,0	15,8	1,8	6,5	Ia m.K.
204	ohne	15,5	13,8	1,8	6,2	Ia m.K.
	1 g/l Nekal BX	13,4	13,5	1,8	5,9	mech.K.
	2 g/l Nekal BX	15,4	18,4	1,8	6,6	Ia m.K.
	3 g/l Nekal BX	14,2	14,1	1,8	6,3	mech.K.
	5 g/l Nekal BX	16,4	13,4	1,9	7,3	schw.K.
203	ohne	13,5	18,5	1,6	5,7	mech.K.
	1 g/l Nekal BX	13,6	16,5	1,5	5,5	mech.K.
	2 g/l Nekal BX	12,9	19,9	1,6	4,5	Ia Sch.
	3 g/l Nekal BX	11,7	17,1	1,4	4,8	Ia Sch.
	5 g/l Nekal BX	12,8	17,5	1,5	4,5	Ia Sch.

Zusatz eines Alkali (Ätznatron)

Der Zusatz von (techn. reinem) Ätznatron zum Spinnbad konnte natürlich nur in ganz geringen Mengen vorgenommen werden. Etwas anderes verbot sich schon mit Rücksicht auf die Spinnerin, die mit Recht ein Arbeiten mit einem stärker alkalisierten Spinnbad ablehnen muß. Schon bei den zum Versuch gekommenen Beigaben von 0,5 und 1 g/l bedurfte es Zuredens, um die erforderliche Versuchszeit durchzuhalten. Zudem waren anfänglich die Befürchtungen hinsichtlich Garnschädigung zu gewichtig. Eine schwache Verfärbung des Rohgarns nach gelb hin machte sich bereits bei 1 g/l Zugabe bemerkbar. Der Versuch diente zunächst der theoretischen Prüfung über die Auswirkung der zu erwartenden Faserquellung auf das Spinnergebnis.

Vers.214: Werggarn Nm 11 Mischg.I , V=7,1 Durchlauf 11s bei 65°C
"   217:   "   Nm 11   "   II, V=7,1   "   11s " 65°C
"   222:   "   Nm 11   "   IIa, V=7,1   "   11s " 65°C

Tabelle 11

Zusatz	Fadenbrüche je 100 Spdlstd.			Mittel in %
	Vers.214	Vers.217	Vers.222	
ohne	11,5	52,9	17,0	100
0,5 g/l Ätznatron	10,8	39,9	11,7	77
1,0 g/l Ätznatron	11,4	37,7	11,3	74

Auch bei diesem Zusatz ist bei den einzelnen Versuchen die Beeinflussung des Spinnens verschieden. Das schlechter spinnende Material reagierte am stärksten. Wie die Einzelzahlen, vor allem aber die Mittelwerte der Fadenbruchhäufigkeit, letztere bezogen auf die Fadenbruchzahl beim Normalspinnen (= 100 %) zeigen, ergibt sich ein deutlicher Rückgang, welcher bereits bei 0,5 g/l NaOH stark ausgeprägt ist. Die weitere Erhöhung der Zugabe auf 1 g/l bringt demgegenüber keine große Wirkung mehr hervor. Insgesamt ergab sich im Versuchsbereich ein Rückgang der Fadenbrüche auf 74 % des Wertes beim Spinnen ohne Zusatz.

Die Garne aus den Versuchen 214 und 217 wurden geprüft, und zwar im üblichen Zeitabstand nach dem Versuch, ferner nach 4 - 5monatlicher Lagerung unter Zimmerverhältnissen. Tabelle 12 enthält die festgestellten Daten, wobei die eingeklammerten Zahlen die Werte nach der Lagerung sind.

Nach diesem Prüfergebnis kann keine Rede davon sein, daß eine Beeinträchtigung des Garns durch Zugabe kleiner Mengen von Ätznatron erfolgt, eher kann von einer Erhöhung der Festigkeit, Dehnung und Gleichmäßigkeit gesprochen werden. Auch nach mehrmonatlicher Lagerung zeigten sich keine Erscheinungen, die auf eine Schädigung schließen lassen.

Tabelle 12

Vers. Nr.	Zusatz	Rm km	U %	d %	Rm_{10} kg	Qual.
214/15	ohne	15,4	15,1	1,8	6,8	Ia m.K.
214/14	0,5 g/l Ätznatron	16,3 (16,2)	14,8 (14,4)	1,9 (1,6)	6,8 (7,3)	Ia m.K. (Ia m.K.)
214/16	1,0 g/l Ätznatron	17,2 (17,0)	14,6 (16,6)	2,0 (1,8)	7,0 (6,9)	schw.K. (Ia m.K.)
217/3	ohne	12,5	16,5	1,4	4,9	Ia Sch.
217/1	0,5 g/l Ätznatron	12,7 (12,0)	18,9 (17,9)	1,6 (1,4)	5,3 (5,3)	Ia Sch. (Ia Sch.)
217/2	1,0 g/l Ätznatron	12,8 (12,9)	18,5 (15,6)	1,6 (1,6)	4,9 (5,1)	Ia Sch. (Mech.K.)

Zusatz von Alkali mit einem Netzmittel (Ätznatron und Nekal BX)

Es war nicht von der Hand zu weisen, daß die Einwirkung von Ätznatron in Verbindung mit einer Netzmittelzugabe die Spinneigenschaften der Vorgarne noch stärker beeinflußt, als die eines dieser Mittel allein. Dieser Untersuchung dienten die Versuchsreihen 220 und 221.

Vers. 220: Werggarn Nm 11 Mischg. I, V=7,1 Durchlauf 11s bei 65°C
" 221: " Nm 11 " IIa, V=7,1 " 11s " 65°C

Tabelle 13

Zusatz	Fadenbrüche je 100 Spdlstd. Vers.220	Vers.221	Mittel %
ohne	13,6	27,7	100
0,5 g/l Ätznatron	5,6	20,1	66
2,0 g/l Nekal BX	9,3	15,4	58
0,5 g/l Ätznatron und 2,0 g/l Nekal BX	6,9	17,7	61

Zu diesen Zahlen ist einiges zu sagen. Zunächst ergibt sich in
der Versuchsreihe 220 eine derartig starke Abnahme der Fadenbrüche, insbesondere bei 0,5 g/l Ätznatron (auf 43 %), daß man
geneigt ist, hier an eine durch ein Zufallsergebnis überhöhte
Bezugszahl der Fadenbrüche ohne Zusatz zu glauben, da bei den
in Tabelle 11 wiedergegebenen Hauptversuchen mit Ätznatron derartig auffällige Resultate nicht erscheinen. Allerdings kommen
immer wieder Versuchsergebnisse vor, die aus dem Rahmen des
Durchschnitts fallen, ohne für sich betrachtet falsch zu sein.

Es ist einmal die natürliche - wie wiederholt erwähnt und gezeigt - starke Streuung der "Einzelwerte", die allerdings für
sich schon in der Regel Mittelwerte aus mehreren Versuchen sind,
zweitens die zweifellos vorhandene Abhängigkeit des Effekts von
der Zusammensetzung des Materials, selbst bei im wesentlichen
gleich bleibenden Mischungen. Das Ergebnis 220 ist hinsichtlich
Ätznatronzugabe eben ein Einzelfall, der zeigt, daß das Mittel-
resultat aus Tabelle 11 eine durchaus vorsichtige Angabe macht
und in Einzelfällen erheblich überholt wird. Fälle von starker
Beeinflussung durch 2 g/l Nekal BX, wie sie auch bei diesen Versuchsreihen wieder auftreten, wurden bereits in Tabelle 8
gezeigt.

Das uneinheitliche Resultat, daß bei 220 Ätznatron, bei 221
Nekal BX als wirkungsvollerer Zusatz erscheint, kann im Rahmen
unserer Betrachtung schließlich nicht mehr bedeuten, als daß
eine eindeutige Überlegenheit eines der Mittel gegenüber dem
anderen nicht nachgewiesen werden konnte, was übrigens auch den
prozentualen Mittelwerten in den Tabellen 8 und 11 entspricht.

Die Hauptfrage endlich, ob eine gemeinsame Einwirkung von Ätznatron und Nekal BX ein gegenüber den Einzelwirkungen merklich
verbessertes Spinnen hervorruft, ist nach den Ergebnissen nicht
zu bejahen.

Stellt man die Zahlen aus den Versuchen mit Nekal BX denen mit
Ätznatron gegenüber, so kann zusammenfassend gesagt werden,
daß, verglichen mit dem Gebrauch des Netzmittels, die Anwendung

der immerhin mit Vorsicht zu gebrauchenden Alkalien - man
könnte statt Ätznatron allerdings auf das ungefährlichere
Soda in entsprechender Konzentration zurückgreifen - keinen
besonderen Anreiz bietet. Dies gilt umsomehr, als sich Schwierigkeiten mit Rücksicht auf die Hände der Spinnerin ergeben.

Auf die Prüfung der Garne wurde verzichtet, da andere Ergebnisse
als bei gesonderter Verwendung von Ätznatron bzw. Nekal BX nicht
zu erwarten waren.

Zusatz eines Emulgators (Nekal A)

Diese Versuche wurden im wesentlichen in der gleichen Weise und
in der gleichen Konzentrationsabstufung vorgenommen, wie die mit
Nekal BX; es wurde lediglich zusätzlich noch eine stärkere Zugabe von 7 g/l ausprobiert. Auch dieses Mittel stand als wässrige Paste in 50 %iger Konzentration zur Verfügung. Alle folgenden Angaben beziehen sich auf die Trockensubstanz.

Vers.206: Werggarn Nm 11 Mischg.I, V=6,9 Durchlauf 11s bei 65°C
" 207: " Nm 10 " II, V=6,4 " 9s " 65°C

Tabelle 14 zeigt die festgestellten Fadenbruchhäufigkeiten:

Tabelle 14

| Zusatz | Fadenbrüche je 100 Spdlstd. | | Mittel |
	Vers.206	Vers.207	%
ohne	21,5	24,3	100
1 g/l Nekal A	13,6	20,8	75
2 g/l Nekal A	12,5	11,8	53
3 g/l Nekal A	17,6	20,1	82
5 g/l Nekal A	20,2	27,2	103
7 g/l Nekal A	23,9	33,6	125

Wiederum sind alle Zahlen schon für sich Durchschnittswerte aus mehreren Einzeluntersuchungen innerhalb der Reihen 206 und 207. Die "Mittelwerte" fassen alle vorhandenen Beobachtungen zusammen, und zwar in Prozent der Fadenbruchzahlen beim Spinnen ohne Zusatz (= 100 %).

Es ergibt sich ein deutlicher Effekt. Die Fadenbrüche nehmen stark ab, das beste Spinnen trat bei 2 g/l Zusatz von Nekal A ein, dann nahm die Fadenbruchhäufigkeit wieder zu. Bei 5 g/l und mehr überschreiten die Fadenbrüche die Häufigkeit beim Normalspinnen. Das Ergebnis von im Mittel nur 55 % (59 % bei Vers. 206 und 50 % bei Vers. 207) der normalen Fadenbruchzahl ist bei 2 g/l für den Emulgator Nekal A ein günstigeres, als es - wieder im Mittel gesehen - für das Netzmittel Nekal BX (und auch für den untersuchten Alkalizusatz) festgestellt werden konnte.

Natürlich kann man dem Emulgiermittel nicht auch eine netzende Wirkung absprechen. Sie ist jedoch weniger spezifisch, wie die in Tabelle 7 enthaltenen Benetzungszeiten, verglichen mit Nekal BX, zeigen.

Ebenso zeigten die Untersuchungen der Wasserentnahme durch das Vorgarn, die in der auf Seite 10 beschriebenen Weise bei jedem Einzelversuch vorgenommen wurden, keine starke Veränderung bei verschiedenen Konzentrationen. Sie hatten insgesamt betrachtet zwar die gleiche Tendenz der Abnahme des prozentualen Wassergehaltes des austretenden Vorgarns bei geringeren Konzentrationen, doch bewegten sich die Unterschiede in sehr engen Grenzen. Auf eine Wiedergabe sei verzichtet.

Wenn dennoch das Mittel Nekal A eine besondere Wirksamkeit hinsichtlich einer Verbesserung des Spinnens mit sich bringt, so ist dies offenbar - wie anfangs angedeutet - zurückzuführen auf seine Wirkung bei der **Überführung** der Faserbegleitstoffe in eine Form, in der sie das Gleiten der Fasern beim Verzug sozusagen schmierend erleichtern, also auf die Emulgierwirkung des Mittels.

Tabelle 15 enthält die bei der stichprobenartigen Untersuchung der Garne festgestellten Daten:

Tabelle 15

Vers. Nr.	Zusatz	Rm km	U %	d %	Rm_{10} kg	Qual.
206/10	ohne	12,8	16,2	2,0	5,4	Ia Sch.
206/11	1 g/l Nekal A					
206/12	2 g/l Nekal A	14,1	15,2	1,8	5,7	mech.K.
206/13	3 g/l Nekal A					
206/14	5 g/l Nekal A					
206/15	7 g/l Nekal A	14,5	14,3	1,8	6,2	Ia m.K.
207/3	ohne	14,8	17,9	1,7	5,3	mech.K.
207/1	1 g/l Nekal A	12,9	17,7	1,9	5,4	Ia Sch.
207/2	2 g/l Nekal A					
207/4	3 g/l Nekal A	14,0	20,2	1,6	5,3	mech.K.
207/5	5 g/l Nekal A					
207/7	7 g/l Nekal A	13,9	19,1	1,6	5,9	mech.K.

Als Einwirkung auf die Garnqualität läßt sich hinsichtlich der Festigkeitseigenschaften bei Vers. 206 eine Verbesserung, bei Vers. 207 keine Beeinflussung feststellen, wobei auch hier eine gewisse Streuung der Werte unter Berücksichtigung des Wesens von Betriebsversuchen in Kauf zu nehmen ist. Die Bruchdehnung zeigt eine rückgängige Tendenz.

Zusatz eines Emulgators mit Leimkomponente

Als ein derartiges Mittel wurde, entsprechend dem derzeit im Handel noch nicht vorhandenen, bei früheren Versuchen sehr gut bewährten Präparat Nekal AEM, eine Mischung von 21 Gewichtsprozenten Nekal A und 79 Gewichtsprozenten Leim hergestellt. Es sei allerdings bemerkt, daß dazu Knochenleim verwandt wurde, während u.W. die Rezeptur des Nekals AEM Hautleim vorschreibt, der aber nicht erhältlich war.

Vers.215: Werggarn Nm 11 Mischg.I, V=7,1 Durchlauf 11s bei 65°C
" 223: " Nm 11 " IIa, V=7,1 " 11s bei 65°C

Tabelle 16

Zusatz	Fadenbrüche je 100 Spdlstd.	
	Vers.215	Vers.223
ohne	15,8 (100 %)	8,7 (100 %)
1 g/l (Nekal A u.Leim)	9,3 (59 %)	6,4 (74 %)
2 g/l (Nekal A u.Leim)	12,3 (78 %)	3,8 (44 %)
3 g/l (Nekal A u.Leim)	14,9 (94 %)	8,1 (89 %)

Die Versuche mit Konzentrationen über 3 g/l sind aus Gründen der Versuchsvereinfachung weggelassen worden, da alle bisherigen Versuche gezeigt hatten, daß die optimalen Verhältnisse bei geringerer Zusatzmenge zu finden sind.

Diesmal streiten sich um den Vorrang der günstigsten Wirkung die Zugabemengen von 1 g/l und 2 g/l, was durchaus mit unseren früheren Erfahrungen mit Nekal AEM übereinstimmt. Unter den hinsichtlich der Spinnfähigkeit in dieser Versuchsperiode leider einander sehr angeglichenen Spinnpartien hatte Vers. 215 einen Rückgang der Fadenbrüche auf 59 % bei 1 g/l, die im allgemeinen gröbere Partie 223 einen solchen auf 44 % bei 2 g/l Zusatz zu verzeichnen.

Da in diesem Falle also die Optima der beiden Versuchsreihen hinsichtlich der Zusatzmenge je Liter Spinnwasser nicht zusammenfallen, können die prozentualen Mittelwerte der Fadenbruchzahlen aus beiden Reihen nicht als charakteristisch angesehen werden. Sie geben nämlich bei 1 g/l 64 % und bei 2 g/l 66 %

der Fadenbruchzahlen beim Spinnen ohne Zusatz, während in den Einzelfällen die Minimalzahlen 59 % bei Vers. 215 und 44 % bei Vers. 223 gefunden wurden. Deshalb sind die prozentualen Zahlen in der Tabelle 16 einzeln ohne Gesamtmittelwertbildung eingetragen. Es ist naheliegend anzunehmen, daß der günstigste Wert der Zusatzmenge im Durchschnitt gesehen bei 1,5 g/l liegt.

In der Übereinstimmung beider Versuchsreihen hinsichtlich eines s t a r k e n Rückganges ist das Ergebnis des Spinnversuches mit Emulgator und Leim ein besonders auffallendes. Ein solches war allerdings bei Verwendung des Emulgators A (vergl.Tab.14) ebenfalls zu verzeichnen, und es ist interessant, sich vor Augen zu führen, daß dort 2 g/l Nekal A erforderlich waren, um ein Minimum der Fadenbrüche zu erhalten, während bei dem jetzt geschilderten Fall bei einem Zusatz von 2 g/l nur ca. 0,4 g/l Nekal A und 1,6 g/l Leim enthalten waren, also eine größere Wirkung von der Leimkomponente zu erwarten war und ihr sicherlich auch zukommt.

Uneinheitlich sind die Ergebnisse der Garnprüfungen, die in Tabelle 17 eingetragen sind.

Tabelle 17

Vers. Nr.	Zusatz	R_m km	U %	d %	$R_m 10$ kg	Qual.
215/8	ohne	15,0	14,7	1,7	6,1	Ia m.K.
215/6	1 g/l (Nekal A u.Leim)	14,9	15,3	1,6	5,6	Ia m.K.
215/7	2 g/l (Nekal A u.Leim)	13,9	16,0	1,6	6,2	mech.K.
215/9	3 g/l (Nekal A u.Leim)	14,2	16,8	1,6	6,0	mech.K.
223/11	ohne	12,4	19,3	1,4	4,6	Ia Sch.
223/9	1 g/l (Nekal A u.Leim)	13,3	21,2	1,7	4,9	Ia Sch.
223/10	2 g/l (Nekal A u.Leim)	15,3	17,6	1,7	5,0	Ia m.K.
223/12	3 g/l (Nekal A u.Leim)	12,1	16,0	1,4	4,6	Ia Sch.

Versuch 215 läßt eine leichte Verschlechterung der Reißfestigkeit und deren Gleichmäßigkeit erkennen, allerdings bei gleichbleibender Zehnbruchbelastung. Demgegenüber zeigt der Versuch 223 bessere Werte für Festigkeit und Dehnung bei den günstigen Zusatzkonzentrationen, wenn man auch geneigt ist, die aus dem Rahmen fallende Reißlänge von 223/10 als eine - allerdings durch eine Wiederholung der Untersuchung nicht aus der Welt geschaffte - Zufälligkeit zu werten.

Versuchsreihen mit verschiedenen Zusätzen
(Zusammenfassung)

In zwei letzten Versuchsreihen 224 und 225 wurden mit 2 verschiedenen Mischungen in doppelter Wiederholung die bei den vorbeschriebenen Versuchen als besonders wirksam erkannten Zusatzkonzentrationen hinsichtlich ihrer Einwirkung auf die Spinnbarkeit (Fadenbrüche) und Garneigenschaften einander gegenübergestellt.

Vers.225: Werggarn Nm 11 Mischg.I, V=7,1 Durchlauf 11s bei 65°C
" 224: " Nm 11 " IIa, V= 7,1 " 11s " 65°C

Tabelle 18 enthält die Ergebnisse der Fadenbruchzählung, wobei wiederum sowohl die Einzelwerte - für sich schon Durchschnittswerte aus je 2 Versuchen -, als auch im Mittel beider Versuchsreihen die Zahlen prozentual zu der Fadenbruchzahl beim Spinnen ohne Zusatz gebracht sind.

Tabelle 18

Zusatz	Fadenbrüche je 100 Spdlstd.		Mittel
	Vers.225	Vers.224	%
ohne	15,8	18,8	100
2,0 g/l Nekal BX[5]	10,5	13,1	68
0,5 g/l NaOH und 2,0 g/l Nekal BX[5]	8,2	11,2	56
2,0 g/l Nekal A	8,7	9,4	53
2,0 g/l (Nekal A u.Leim)	10,9	5,9	49

[5] s.Seite 23

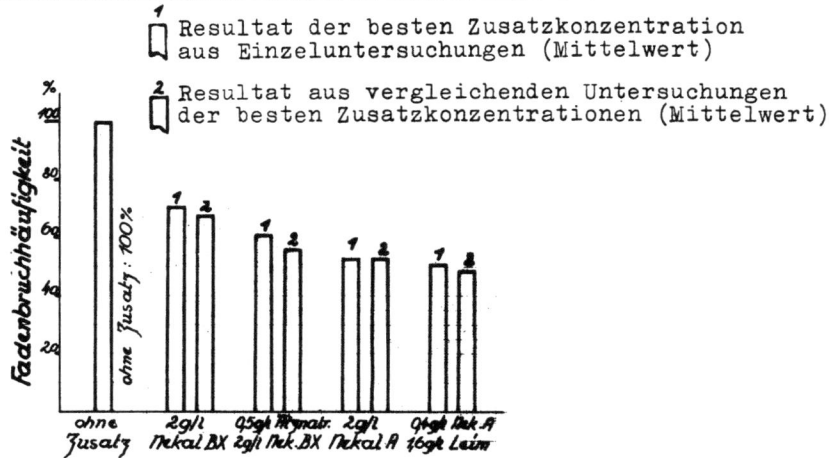

Abb. 1 Zusätze zum Spinnbad
Fadenbruchhäufigkeit

Diese Zahlen bestätigen erfreulich die Feststellungen der Einzeluntersuchungen. Beide sind in der Abbildung 1 eingetragen und machen es möglich, das Gesamtergebnis zu überblicken.

Es besteht kein Zweifel daran, daß eine Verbesserung des Spinnens naßgesponnener Bastfasergarne infolge Herabsetzung der Fadenbruchhäufigkeit und damit eine Erhöhung des Wirkungsgrades von Naßspinnmaschinen herbeigeführt werden kann, indem dem Spinnbad geeignete chemische Zusätze in zweckentsprechender Menge beigegeben werden.

Alle während der mit zahlreichen Wiederholungen und mehrfachen Kontrollen durchgeführten mehrmonatlichen Versuchsreihen erprobten Hilfsmittel erwiesen sich als geeignet, eine Herabsetzung der Fadenbruchzahl herbeizuführen, wenn auch ihre Wirkung in einem gewissen Maße unterschiedlich war. Es wurde erprobt:
Netzmittel Nekal BX, Ätznatron mit Nekal BX, Emulgator Nekal A und Emulgator Nekal A (21 %) mit Leimzusatz (79 %).

---

[5] Im Gegensatz zu den Hauptversuchen mit Nekal BX wurde hier nicht mit wässriger Paste, sondern mit Trockensubstanz gearbeitet. Da die genaue Zusammensetzung beider Formen nicht bekannt ist, kann nicht als ausgeschlossen gelten, daß in den Konzentrationsangaben zwischen beiden Versuchsperioden Unterschiede dahingehend bestehen, daß der Prozentsatz bei den hier geschilderten Versuchen etwas tiefer liegt (ca. 1,5 g/l).

Die günstigste Zugabe der Hilfsmittel betrug 2 g/l, bei der Mischung Nekal A und Leim 1 - 2 g/l. Ätznatron konnte praktisch nur bis 0,5 g/l beigegeben werden und wird sich aus betrieblichen Gründen in der Praxis kaum verwenden lassen.

Das Netzmittel (Nekal BX) erwies sich relativ als am schwächsten wirksam, dennoch betrug die durchschnittliche Fadenbruchzahl nur noch rd. 70 % derjenigen beim Spinnen ohne Zusatz. Die Wirkung des Ätznatron (Faserquellung) ergab zusätzlich einen weiteren Rückgang der Fadenbrüche auf 60 %. Sehr günstig verhielt sich das Emulgiermittel Nekal A mit durchschnittlich 55 %. Die beste Wirkung hatte eine Mischung mit 21 Gewichtsprozent Nekal A und 79 Gewichtsprozent Leim als zugesetztem Kolloidkörper, entsprechend dem bereits früher bewährten

Nekal AEM. Die Fadenbrüche gingen bei 1 bzw. 2 g/l dieses Zusatzes am stärksten, nämlich auf rd. 50 % zurück. Auf die Art der Einwirkung dieser Stoffe wurde zu Beginn dieses Berichtes (s.S.1) eingegangen.

Damit kann das <u>Ziel der Untersuchungen,</u> die schon früher mitgeteilte Möglichkeit einer Herabsetzung der Fadenbruchzahl im praktischen Betrieb zu bestätigen und die Wirkung der einzelnen Zusätze gegeneinander abzuwägen, als <u>erreicht</u> angesehen werden.

Werden die durch Zusatz von geeigneten chemischen Hilfsmitteln erzielten Vorteile im Hinblick auf die Verminderung der Fadenbrüche den in Tabellen 1 - 4 (s.S.5 u.6) dargelegten Veränderungen der Fadenbruchzahl bei Variation der Wassertemperatur und der Wassermenge im Trog gegenübergestellt, so kann ohne Fehlschlüsse gefolgert werden, daß bei Anwendung chemischer Zusätze zum Spinnbad die <u>Wassertemperatur</u> ohne Nachteile <u>herabgesetzt werden kann</u>. Jeder Praktiker weiß, was dies an Kostenersparnis und Verbesserung der Arbeitsverhältnisse in der Naßspinnerei bedeuten würde. In erster Linie bleibt aber die mögliche Verringerung der Fadenbruchhäufigkeit.

Von den beiden für die Versuchsvorgarne verwandten Wergmischungen war I die feinfaserige und bestand ausschließlich aus Hechelwergen. II und IIa enthielten auch Lang- und Schwingwerge und waren qualitativ schlechter. Es ist festzustellen - darüber geben die Einzelzahlen und Tabellen Aufschluß -, daß die <u>Wirkung des Netzmittels bei der hochwertigeren Partie besser war</u>, während das <u>Emulgiermittel mit und ohne Kolloideinlagerung auffälliger bei den mageren, gröberen Partien wirkte</u>, was dem Wesen beider Mittel durchaus entspricht.

Tabelle 19 zeigt endlich die Eigenschaften der Garne aus den Vergleichsversuchen:

<u>Tabelle 19</u>

Vers. Nr.	Zusatz	RM km	U %	d %	Rm_{10} kg	Qual.
225/8	ohne					
225/7	2,0 g/l Nekal BX	16,0	16,0	1,7	7,0	Ia m.K.
225/9	0,5 g/l NaOH und 2,0 g/l Nekal BX	16,4	14,7	1,8	6,6	Ia m.K.
225/10	2,0 g/l Nekal A	16,1	16,4	1,7	6,6	Ia m.K.
225/6	2,0 g/l (Nekal A u.Leim)	15,8	15,1	1,6	6,2	Ia m.K.
224/7	ohne	11,6	20,5	1,3	4,9	IIa Sch.
224/2	2,0 g/l Nekal BX	11,3	20,5	1,4	4,5	IIa Sch.
224/4	0,5 g/l NaOH und 2,0 g/l Nekal BX	12,2	19,5	1,5	4,6	Ia Sch.
224/5	2,0 g/l Nekal A	12,0	16,7	1,5	5,0	Ia Sch.
224/1	2,0 g/l (Nekal A u.Leim)	12,0	16,1	1,3	4,5	Ia Sch.

Auffallende Unterschiede über die üblichen Schwankungen der Prüfergebnisse hinaus sind nicht festzustellen. Eine Benachteiligung der mit Zusatz gesponnenen Garne im Vergleich zu den normal gesponnenen ergibt sich auch diesmal nicht.

Es wurde unternommen, sämtliche gemessenen Werte wie Festigkeit, Gleichmäßigkeit und Dehnung für die mit den Zusätzen bei 1 - 2 g/l Konzentration gesponnenen Garne, verglichen mit den normal gesponnenen, in eine gemeinsame Tafel einzutragen und mit Plus- und Minuszeichen die Vor- und Nachteile zu kennzeichnen. Etwas über 50 % aller Werte zeigen kleine oder gewichtigere Pluspunkte, rd. 35 % lagen schlechter, rd. 15 % waren gleich. Trotz allen Bemühens ist eine einheitliche Tendenz nicht zu ermitteln, doch kann mit Sicherheit gesagt werden, daß eine <u>Schädigung der Garne nicht eintreten kann</u>, selbst bei Verwendung von Alkali in den geschilderten Mengen. Auch sind Befürchtungen einer nachträglichen Schwächung gegenstandslos.

Eine besondere Beeinflussung einer der beiden verwendeten Mischungen konnte nicht beobachtet werden, ebensowenig unterschiedliches Verhalten der erprobten Hilfsmittel hinsichtlich einer Einwirkung auf die Qualität. Es scheint, daß eine <u>Güteverbesserung nicht erreicht</u> wird, jedoch die Verbesserung des Spinnens sich in der geschilderten Mehrheit der Qualitätspluspunkte für die gesponnenen Garne auswirkt.

Da dennoch häufig die Befürchtung ausgesprochen wird, daß naßgesponnene Bastfasergarne, die mit chemischem Zusatz zum Spinnbad gefertigt wurden, in ihrer Qualität oder in ihrer Gebrauchsfähigkeit im Gewebe geschädigt sein könnten, wurde der folgend beschriebene Vergleichsversuch auftragsgemäß durchgeführt:

Dem Versuch dienten 2 Garnposten, und zwar

<u>Flachsgarn Nm 18</u> = Ne_L 30, gesponnen mit bzw. ohne Zusatz von 1,5 g Limanol[6] je Liter Spinnwasser. Bez.: 30 m.L. und 30 o.L.

<u>Flachswerggarn Nm 10</u> = Ne_L 16, gesponnen wie vor. Bez.: 16 m.L. und 16 o.L.

---

[6] Fabrikat der Firma Schill & Seilacher, Stuttgart

Diese Garne waren innerhalb eines Großversuches in einer industriellen Spinnerei ohne unsere Aufsicht gesponnen worden. Limanol ist ein für die Zwecke der Verbesserung des Spinnbades von KLING vorgeschlagenes Textilhilfsmittel, welches nach unseren Erfahrungen gut geeignet ist.

Die Prüfung der Rohgarne hatte folgende Ergebnisse:

Garne	30 m.L.	30 o.L.	16 m.L.	16 o.L.
Reißlänge (km)	18,9	18,9	14,8	14,2
10-Br.-Belastung bez. auf Nm 1 (kg)	8,7	8,4	6,3	5,7
Bruchdehnung (%)	1,8	1,7	1,9	2,2

Wie ersichtlich, ist irgendein Unterschied zwischen den mit und ohne Limanolzusatz gesponnenen Garne nicht anzugeben. Die Schwankungen halten sich durchaus in dem Rahmen normaler Zufälligkeiten.

Die verschiedenen Garne wurden 1/2-weiß gebleicht als Schußgarne für Halbleinengewebe, 160 cm breit, wie folgt verwendet:

Gewebe 30 m.L.

  Kette: Baumwollgarn Nm 20, roh, 20 Fd/cm
  Schuß: Flachsgarn Nm 18 = Ne_L 30, 1/2-weiß, 22 Fd/cm
       gesponnen mit 1,5 g/l Limanol im Spinnbad.

Gewebe 30 o.L.

  wie vor, jedoch im Schuß mit Flachsgarn gesponnen ohne chemischen Zusatz im Spinnbad.

Gewebe 16 m.L.

  Kette: Baumwollgarn Nm 20, roh, 20 Fd/cm
  Schuß: Flachswerggarn Nm 10 = Ne_L 16, 1/2-weiß, 16 Fd/cm
       gesponnen mit 1,5 g/l Limanol zum Spinnbad

Gewebe 16 o.L.

  wie vor, jedoch im Schuß mit Flachswerggarn gesponnen ohne chemischen Zusatz zum Spinnbad.

Die stuhlrohen Gewebe wurden bis 4/4 weiß gebleicht und anschließend 1, 25 und schließlich 50 Wäschen unter Anwendung des gleichen Verfahrens in der Krefelder Lehrwäscherei unterworfen.
Die gewaschenen Gewebestücke wurden auf ihre Festigkeit in Schußrichtung geprüft und ergaben die im folgenden angegebenen Zahlen für die Gewebefestigkeit P und die Dehnung d. Es wurden unter Berücksichtigung der einschlägigen Normvorschriften je 15 Schußstreifen geprüft.

Gewebe	30 m.L. P kg	30 m.L. d %	30 o.L. P kg	30 o.L. d %	16 m.L. P kg	16 m.L. d %	16 o.L. P kg	16 o.L. d %
1 x gewasch.	80,6	13,3	80,1	15,3	89,5	11,4	90,3	12,7
25 x gewasch.	58,6	14,9	63,2	15,8	68,4	12,7	72,6	12,1
50 x gewasch.	35,2	13,5	38,5	13,8	46,2	11,1	45,3	11,1

Auch aus dem Ergebnis dieser Prüfung ist eine typische Beeinflussung der Gewebedaten durch den chemischen Zusatz zum Spinnbad der Garne nicht zu entnehmen. Den auftretenden Differenzen ist mehr als Zufallsbedeutung nicht zuzumessen, wie auch die statistische Rechnung an Hand der Einzelreißergebnisse und ihrer Streuung selbst die vorhandenen größten Unterschiede (bei den 25 x gewaschenen Abschnitten) nicht als "echte" anzuerkennen erlaubt.

Wie zu erwarten war, konnte somit der Beweis erbracht werden, daß eine Schädigung der Eigenschaften oder Gebrauchsfähigkeit der Garne durch Zusatz eines chemischen Hilfsmittels zum Spinnbad in erforderlicher schwacher Konzentration nicht eintritt.

Nachdem durch diesen Bericht die weitgehenden Möglichkeiten, eine Beeinflussung des Spinnwirkungsgrades durch Herabsetzung der Fadenbruchhäufigkeit herbeizuführen, aufgezeigt bzw. bestätigt worden sind, ist die Frage aufzuwerfen, in welcher Weise und unter welchen Voraussetzungen ein <u>Arbeiten mit chemischen</u>

Zusätzen zum Spinnbad in der Praxis durchgeführt werden kann. Dazu ist leider zu sagen, daß die heutigen primitiven Verhältnisse hinsichtlich der Wasserversorgung von Naßspinnmaschinen und der Spinnbaderwärmung für derartige Pläne ungeeignet sind. Wenn - wie bei den derzeitigen Betriebsverhältnissen - jeder einzelne Wasserkasten von der Spinnerin getrennt bedient und mit direkt eingeblasenem Dampf geheizt wird, muß der Gedanke an die Einhaltung einer auch nur annähernd gleichen Konzentration bei Anwendung von Zusätzen aufgegeben werden.

Für die Verwendung von Zusätzen ist eine Abkehr von den heute verwendeten Einrichtungen unerläßlich und ein zweckentsprechender Betrieb nur möglich, wenn eine Versorgung der Spinnbadkästen mit einem bereits vorbereiteten, entsprechend aufgeheizten und auf der gewünschten Zusatzkonzentration gehaltenen Wasser von einer zentralen Stelle aus vorgenommen wird.

Es wird deshalb anschließend ein Vorschlag für eine zentrale Versorgung der Maschinen einer Naßspinnerei mit Spinnwasser[7] erörtert. Dieser Vorschlag baut sich nicht allein auf dem Gedanken auf, die technischen Voraussetzungen für ein Spinnen mit chemischen Zusätzen zu schaffen, sondern ganz generell eine grundlegende Verbesserung der Arbeitsbedingungen im Spinnsaal zu schaffen. Daß diese reformbedürftig sind, wird niemand bestreiten.

Nach dem heutigen Stand der Technik besitzt jede Spinnmaschinenseite einen Wasserkasten aus Holz, der, mit einem Überlauf versehen, eine bestimmte Menge Wasser aufnimmt. Die Heizung des Bades erfolgt direkt durch Dampf. Je nach Bedarf wird das Dampfventil aufgedreht oder wieder geschlossen. Dies obliegt der Spinnerin, ebenso, wie die Bedienung des Wasserzulaufs zum Ausgleich der Entnahme durch das Vorgarn und der Verdunstung. Sie hat für die Feststellung und Kontrolle der Temperatur nur

---

[7] Unter Mitarbeit von Dipl.-Ing. R. Otto und Maschinenfabrik Th. Jaeggle, Bielefeld

ihre Finger, denn Thermometer sind nicht vorhanden. Praktisch
entscheidet sie über die Höhe der angewandten Wassertemperatur,
wobei u.E. mehr als strittig ist, ob die Zubilligung dieser
individuellen Vollmacht selbst angesichts einer ausreichenden
oder auch reichen Erfahrung von Vorteil sein mag, wie manchmal
diesbezüglich ins Feld geführt wird. Jedenfalls ist die Regelung und Einhaltung der Wassertemperatur der Aufmerksamkeit
der Spinnerin überlassen. Dies ist ein Übelstand erster Ordnung.
Es kann eingeworfen werden, daß in gut geleiteten Betrieben
eine strenge Aufsicht zu der ausreichenden Schulung und Anlernung der Arbeiterinnen tritt. Fraglos sind zwischen guten und
schlechten Spinnereien weite Abstufungen vorhanden, eine völlige
Ausmerzung der sich aus einer Willkür der Bedienung ergebenden
Mängel gelingt nicht. Selbst wenn Überspitzungen und Extremfälle
außer Betracht bleiben, kann der geschilderte primitive Zustand
einen modernen Techniker nicht befriedigen, von welchem Standpunkt er auch an das Problem herantreten mag. Eine Maschinenfabrik hat ihre Naßspinnmaschinen zuletzt mit einem auf das Dampfventil wirkenden Temperaturregler für das Wasserbad ausgestattet,
was gewiß bereits ein Versuch ist, dem Unwesen zu steuern.
Eines Urteils über diese Einrichtung und die Regelmäßigkeit ihrer
Wirkung müssen wir uns enthalten. Angesichts der geringen Zahl
der damit ausgestatteten Maschinen waren die gegebenenfalls erzielten Vorteile unbeachtlich. Zudem trifft diese Apparatur
nicht alle Übelstände.

Das durch den Wasserkasten geleitete Vorgarn gibt Faserreste,
Holzteile und aufgeweichte Begleitstoffe an das Wasser ab. Diese Substanzen verunreinigen das Spinnwasser und setzen sich auf
dem Kastenboden und an den Kastenwänden ab. Der beim Öffnen
des Dampfventils austretende Dampf wirbelt hin und wieder die
Absetzstoffe auf. In einem mehrwöchigen Turnus werden die
Kästen gründlich gesäubert. Es gibt Spinner, die der Meinung
sind, daß eine gewisse Anreicherung des Spinnwassers mit organischen Substanzen für die Wirkung des Bades von Vorteil ist.
Diese Ansicht ist durch nichts begründet. Auch hier entspricht
sauberes Wasser am ehesten den betrieblichen und qualitativen

Anforderungen.

Nach all dem wird der Vorschlag einer <u>zentralen Wasserversorgung</u> eines Spinnsaales oder größerer Maschinengruppen einleuchtend, die zweckmäßig mit ständigem Kreislauf und zwischengeschalteter Reinigung und Aufheizung des Spinnwassers arbeitet und durch welche die Spinnbäder der willkürlichen Bedienung durch das Personal entzogen und die als zweckentsprechend festgelegten Bedingungen (Wasserhöhe im Kasten, Wassertemperatur) bei weitgehender Sauberhaltung der Kästen zwangsläufig eingehalten werden können. Es scheint uns außer Zweifel zu stehen, daß durch die Beseitigung der vielfach groben Mißstände bei der heute üblichen Bedienung der Heizdampfventile eine Verbesserung der Atmosphäre in den Naßspinnsäälen herbeizuführen ist. Eine stete Zulieferung immer einwandfrei temperierten Wassers würde es zweifellos auch möglich machen, die Temperaturhöhe allgemein herabzusetzen, umsomehr, als dauernde Sicherheit dafür gegeben ist, daß der Kasten bis zum Überlauf gefüllt und die erforderliche Tauchzeit für das Vorgarn gewährleistet ist.

Bei einer derartigen Anlage mit zentraler Aufbereitung des Spinnwassers läßt sich ein exaktes Arbeiten mit chemischen Zusätzen erreichen. Die Einrichtung hätte somit folgenden Forderungen zu entsprechen:

a) Die Temperaturhaltung in den Wasserkästen muß durch Zuströmen ausreichender, entsprechend aufgeheizter Warmwassermengen gewährleistet sein,

b) die während des Spinnprozesses entstehenden Wasserverluste müssen wieder aufgefüllt werden,

c) der Wärmebedarf muß durch Heizschlangen gedeckt werden, die in den Kreislauf einzubauen sind,

d) die Spinnbadflüssigkeit ist fortlaufend mit chemischen Lösungen zwecks Einhaltung einer konstanten Konzentration zu versehen.

Die technische Ausgestaltung und die Dimensionierung einer derartigen Anlage seien anhand der beigefügten Zeichnungen an dem

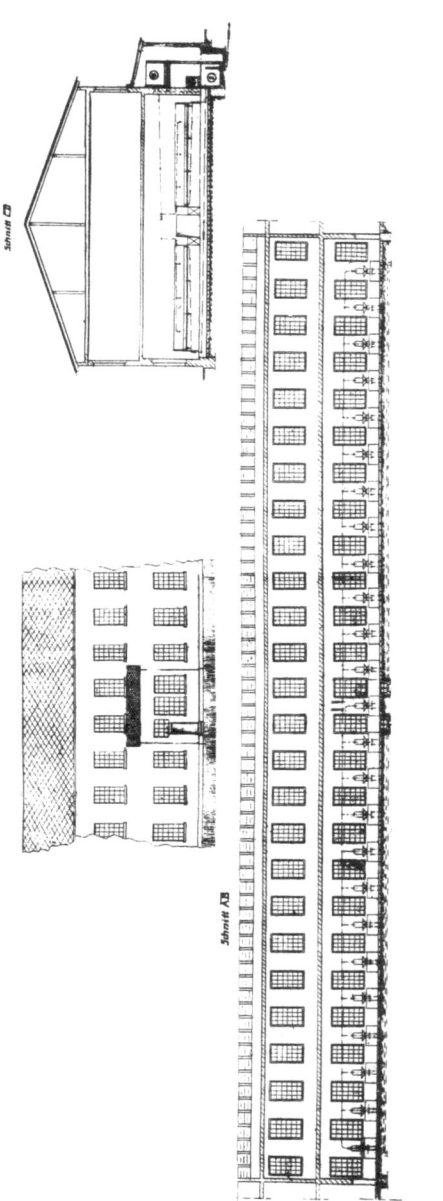

Abb. 2. Entwurf einer zentralen Spinnwasserbereitungsanlage für 2 x 25 Ringspinnmaschinen mit je 152 Spindeln = 7600 Spindeln.

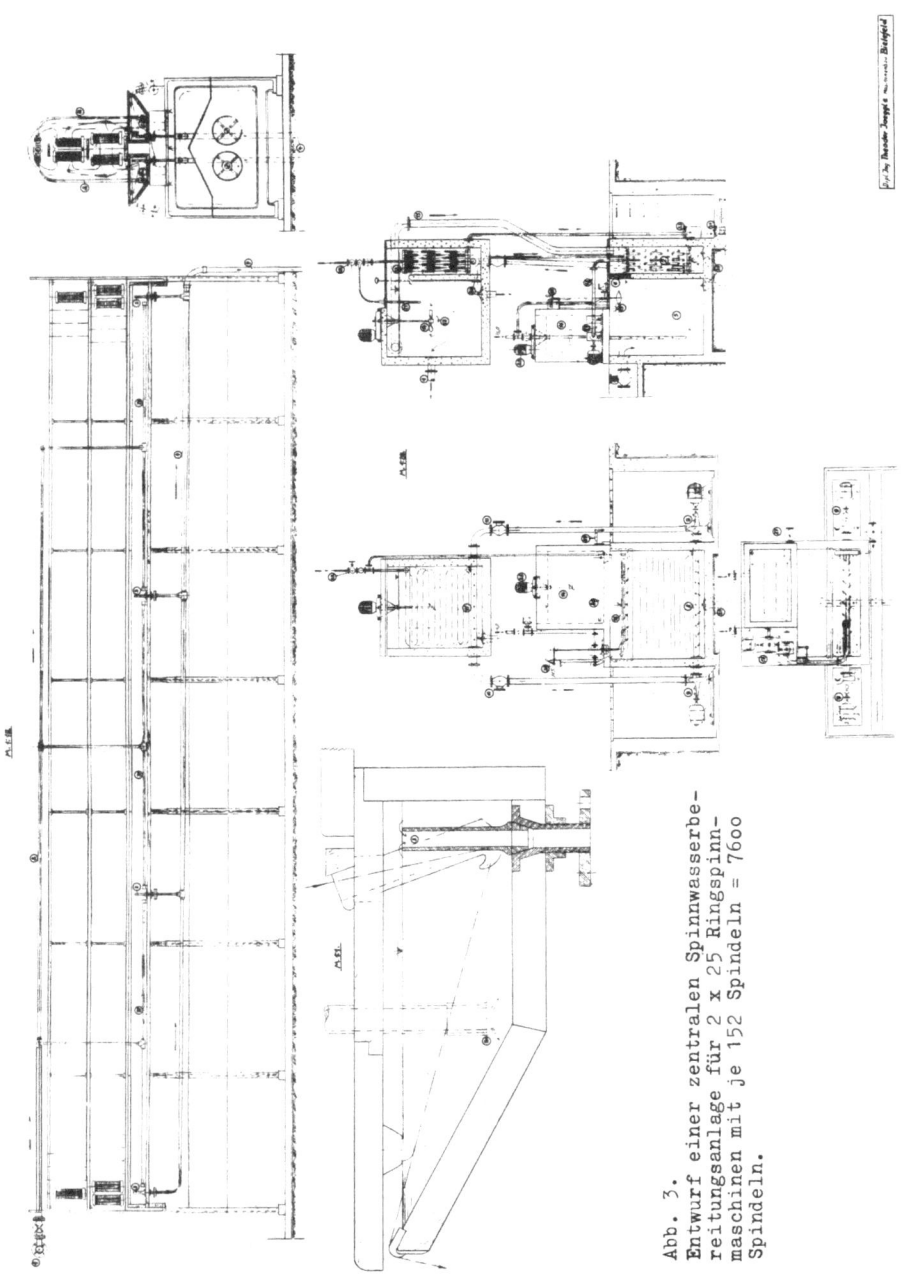

Abb. 3. Entwurf einer zentralen Spinnwasserbereitungsanlage für 2 x 25 Ringspinnmaschinen mit je 152 Spindeln = 7600 Spindeln.

Beispiel eines Spinnsaales mit 50 Ringspinnmaschinen, 76 mm Ringdurchmesser, 114 mm Teilung und je 152 Spindeln, von etwa 9,5 m Länge ohne Antrieb, insgesamt also 7 600 Spindeln erläutert.

Für die Errechnung der Produktion sei eine Spindelleistung von 820 m/Std. zugrundegelegt. Hieraus errechnet sich eine Tagesleistung von 50 000 km und bei einer mittleren Garnnummer von Nm 12 von 4 200 kg.

Die Wasserkästen einer der oben beschriebenen Ringspinnmaschinen fassen je 260 l bei normaler Füllung. Daraus errechnet sich das gesamte Wasservolumen der Spinnkästen mit 26 000 l. Zur Feststellung des Temperaturabfalls in den Wasserkästen als Folge der Wärmeabgabe an das durchlaufende Vorgarn, der Strahlungs- und der Verdampfungsverluste liegen vom ehem. Max Planck Institut für Bastfaserforschung, Bielefeld, durchgeführte Messungen an einer im Betrieb befindlichen Ringspinnmaschine vor. Als mittlere Temperatur für das Spinnwasser wurden 65°C. festgelegt. Die Raumtemperatur betrug 18°C. Der Temperaturabfall bei abgestellter Dampfzufuhr und abgestelltem Wasserzulauf betrug nach Ablauf einer Stunde 14°C, entsprechend einer Anfangstemperatur von 65°C und einer Endtemperatur von 51°C. **Diese Werte sind der beigefügten Abbildung 4 entnommen,** in dem die Temperatur des Wasserbades ohne Wasserzulauf und ohne Heizung über der Zeit aufgetragen ist, und zwar einmal bei einer in Betrieb befindlichen, das andere Mal bei einer stillstehenden Maschine. Dieser Temperaturrückgang wird bei der zentralen Wasserversorgung durch Zuführen einer entsprechenden Frischwassermenge in den Wasserkasten ausgeglichen, deren Temperatur beim Eintritt überhöht, und zwar zweckmäßig mit etwa 85°C angesetzt wird. Es stehen also für den Wärmeausgleich 20 WE je Liter zugeführten Wassers zur Verfügung.

Der stündliche Wärmebedarf bei einer Abkühlung von 14°C/Std. beträgt 14 x 26 000 = 364 000 WE. Der Bedarf an Frischwasser zum Ausgleich dieses Wärmeverlustes ist demnach 364 000 : 20 = 18 200 l/Std., bei 85°C Eintrittstemperatur des Frischwassers.

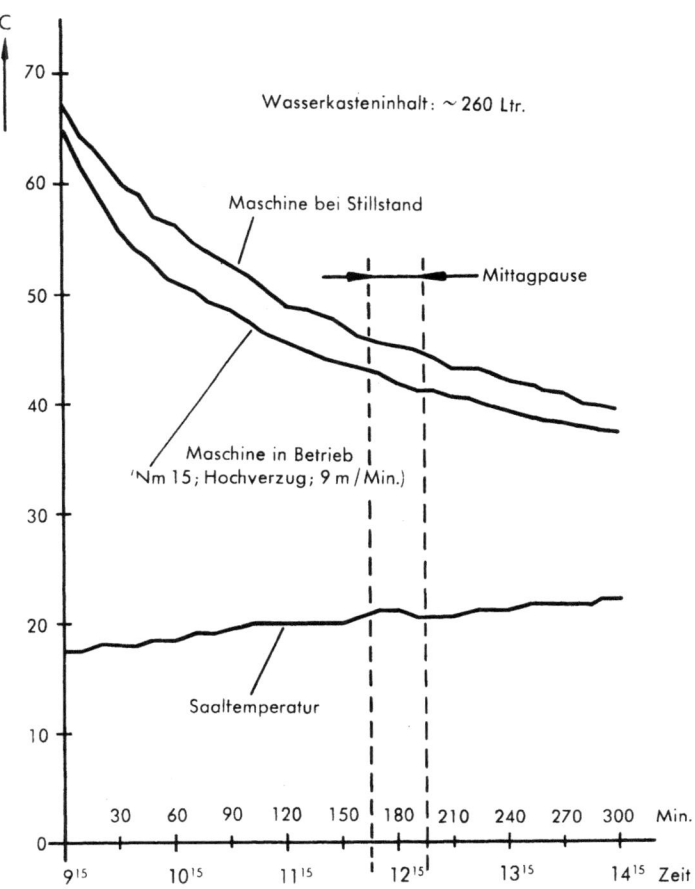

Abb. 4. Abkühlung des Spinnwassers
(ohne Dampf- und Wasserzusatz)

Dies bedeutet, daß innerhalb von 1 1/2 Stunden ein vollständiger Wechsel in den Wasserkästen zur Konstanthaltung der Temperatur erforderlich ist.

Über die Aufnahmefähigkeit des Vorgarns für Wasser während des Durchlaufs durch den Spinntrog liegen uns viele eigene Untersuchungsergebnisse vor. Nehmen wir den Durchschnitt bei 500 % Wasser im aus dem Wasserkasten tretenden Vorgarn, bezogen auf sein Trockengewicht, an, so entsteht bei einer Produktion von 4 200 kg in 8 Stunden ein Wasserverbrauch von 21 cbm/Tag oder 2,7 cbm/Std., allein als Entnahme durch das Vorgarn.

Zur Aufrechterhaltung der Temperatur von 65° C im Wasserkasten ist also notwendig, die errechnete, im Kreislauf befindliche Wassermenge von 18 200 l/Std., die sich von 65° C in der Ablaufleitung und im Sammelbecken auf schätzungsweise 60° C abkühlt, und die als Ersatz für Verluste errechnete Frischwassermenge von 2 700 l/Std. von etwa 10° C im Jahresdurchschnitt auf eine Temperatur von 90° C aufzuwärmen, um beim Eintritt in den Wasserkasten 85° C warmes Wasser zur Verfügung zu haben, wenn man mit einem Abkühlverlust von 5° C in den Zuführleitungen rechnet.

Die aufzuwendenden Wärmemengen betragen:

$$18\ 200 \times 30 = 546\ 000 \text{ WE}$$
$$2\ 700 \times 80 = \underline{216\ 000 \text{ WE}}$$
$$762\ 000 \text{ WE.}$$

Die für diese Aufgaben erforderliche Dampfmenge beträgt bei indirekter Beheizung und Verwendung von Sattdampf mit 2,5 atü, d.h., bei einem verfügbaren Wärmegefälle des Dampfes von rd. 550 WE/kg und einem Nutzeffekt der Anlage von 80 % ungefähr 1,73 t/Std.

Für die Reinigung des ablaufenden Spinnwassers ist ein Sammelbecken mit einem Rauminhalt von 6 cbm vorgesehen, das als Kläranlage eingerichtet ist. Das Gebrauchswasser wird durch einen Sinkschacht in das Absatzbecken eingeleitet, an dessen Boden die abwärts gerichtete Strömungsrichtung in eine aufsteigende

verändert wird. Durch diese Richtungsänderung des Wasserflusses
und das folgende langsame Aufsteigen in dem Becken werden die
Sinkstoffe ausgeschieden und können durch Reinigung des Behälters, die in entsprechenden Zeitabschnitten vorgenommen werden
muß, entfernt werden. Die Schwebe- und Schwimmstoffe werden in
einem Siebsystem aufgefangen, das in den an der Oberkante des
Behälters gelegenen Ablauf eingebaut ist. Durch periodische Reinigung der leicht zugänglichen Siebe können diese Stoffe entfernt werden.

Für die Beigabe der chemischen Lösungen wird eine Möglichkeit vorgesehen, diese in genau dosierter Menge dem Kreislauf zuzuführen.
Diese Beigabe wird je nach der gewünschten Konzentration des
Spinnbades in einem bestimmten Verhältnis zu der Menge des zugeführten Frischwassers stehen. Auf die technische Einrichtung
wird im folgenden noch einzugehen sein.

Die beigefügten Zeichnungen geben eine Gesamtübersicht über die
geplante Anlage und die technischen Einzelheiten wieder.

Die Spinnmaschinen des Spinnsaales sind in 4 Gruppen aufgeteilt
und jede dieser Gruppen ist mit direkten Haupt-Zu- bzw. Ablaufleitungen versehen, damit eine ausreichende Unabhängigkeit
gegenüber Störungen gegeben ist. Ebenso ist damit die Möglichkeit
vorgesehen, bei eingeschränktem Betrieb einzelne Gruppen vollkommen abzuschalten. Es bleibt zu erwägen, ob diese Unterteilung
ausreicht, oder ob noch kleinere Gruppen vorteilhafter sind.

Die Ablaufleitungen münden in den Reinigungs- und Sammelbehälter 5.
Vor der Einmündung sind Absperrschieber 4 eingebaut, die bei
Betriebsschluß abgesperrt werden, damit das aus den Rohrleitungen nachfließende Wasser das Sammelbecken nicht zum Überlaufen
bringt.

An das Absetzbecken, in dem die Reinigung in der oben beschriebenen Weise erfolgt, ist eine Anwärmzone angeschlossen, in der
Dampfschlangen 7 zur indirekten Beheizung des Wassers eingebaut
sind. Durch den mit Reinigungssieben ausgerüsteten Überlauf 6

gelangt das Wasser in diese Anwärmzone und strömt durch die am Boden angeordneten perforierten Ansaugrohre 8 den Kreiselpumpen 9 zu, die es in den Hochbehälter 13 drücken. In die Anwärmzone mündet auch das Zulaufrohr 18, aus dem der Frischwasserzusatz erfolgt. Die Regulierung der Menge des zuzusetzenden Frischwassers geschieht durch den Schwimmer 19, der beim Absinken des Wasserspiegels im Absetzbecken unter ein gewisses Maß den Schalter 20 betätigt, durch den der Motor für die Zusatzwasserpumpe 17 eingeschaltet wird. Nach Auffüllen des Absetzbeckens wird die Zusatzwasserpumpe von dem aufsteigenden Schwimmer wieder abgeschaltet.

Die beiden Kreiselpumpen, mit denen das Wasser in den Hochbehälter gedrückt wird, sind so geplant, daß jede von ihnen während des Betriebes für die Wasserversorgung ausreicht. Ihre Leistung ist deshalb mit je 6 Sekundenlitern entsprechend 20 cbm/Std. dimensioniert. Während des Betriebes ist jeweils also nur eine Pumpe eingeschaltet. Vor Betriebsbeginn muß der gesamte Wasserinhalt der Wasserkästen, der Behälter und der Rohrleitungen auf Betriebstemperatur gebracht werden. Für diese Aufheizperiode werden beide Pumpen eingeschaltet, um diese tägliche Vorarbeit möglichst abzukürzen. Die Leistung der beiden Pumpen reicht aus, um das gesamte Wasservolumen innerhalb einer Stunde einmal umzuwälzen und damit das Spinnwasser auf die erforderliche Temperatur von 65° C zu bringen. Außer dieser wünschenswerten Abkürzung der Aufheizzeit, die durch den Einsatz beider Pumpen erreicht wird, stellt die zweite Pumpe eine notwendige Reserve dar, die die Betriebssicherheit der Anlage, auch bei eintretenden Störungen in einem der Pumpenaggregate, gewährleistet.

Der Hochbehälter 13 ist ebenfalls mit einer Anwärmzone 12 versehen, der das vorgewärmte Wasser aus der Pumpenleitung von unten her zugeführt wird. Entlang den eingebauten Heizschlangen steigt es auf und gelangt über einen Überlauf in den eigentlichen Hochbehälter. Ein Rührwerk 14 sorgt für dauernde kräftige Durchmischung des Behälterinhaltes und garantiert damit dessen gleichmäßige Temperatur. Ein Thermostat 21, der direkt auf die Dampfzulaßventile 22 der Heizschlange einwirkt, regelt die Menge des für die Erreichung einer Wassertemperatur von 90° C notwendigen Dampfes. Die für die Betriebssicherheit erforderliche Mehrleistung der Pumpenanlage wird in einem Überlaufrohr 15 aufgefangen und in die Anwärmzone des Absetzbeckens zurückgeführt.

Von dem Hochbehälter führen die Hauptzuleitungen 1 zu den einzelnen Maschinengruppen. Die Zuleitungen zu den Wasserkästen der Maschinen sind mit Regelventilen versehen, die es gestatten, die jeweils gewünschte Temperatur für die einzelnen Wasserkästen durch die Menge des zuströmenden angewärmten Frischwassers einzustellen. Durch 3fach unterteilte perforierte Rohre 2a, die am Boden der Wasserkästen angeordnet sind, strömt das Frischwasser aus den Zulaufleitungen ein und durchfließt die Wasserkästen, langsam aufwärts steigend. Der Durchfluß geschieht so langsam (1 Wasserwechsel in 1 1/2 Stunden), daß durch die auftretende Strömung keine Behinderung für das Vorgarn entstehen kann.

Die Durchflußgeschwindigkeit muß aber so groß bemessen sein, daß die Verunreinigungen des Spinnwassers durch den Wasserstrom aufgenommen und fortgetragen werden. Wie hoch diese Geschwindigkeit einzusetzen ist, wird noch anhand von praktischen Versuchen zu ermitteln sein. In der beschriebenen Anlage besteht die Möglichkeit, durch Änderung der Pumpenleistung sich den festgestellten Anforderungen anzupassen, denn die Rohrleitungen sind so bemessen, daß sie die für die Aufheizperiode vorgesehene größere Geschwindigkeit zulassen. Das aus den Wasserkästen überfließende Wasser wird über 4 Überlaufstutzen 3 in die gemeinsame Abflußleitung 4 abgeführt und gelangt von dieser in die Hauptablaufleitung der jeweiligen Maschinengruppe. Für das Entleeren der Wasserkästen sind die Überläufe derart ausgebildet, daß sie am Boden des Wasserkastens geteilt sind und der obere Stutzen abgenommen werden kann.

Damit ist der Kreislauf der zentralen Wasserversorgung geschlossen, durch die vor allem auch wärmetechnische Vorteile erreicht werden können, weil alle angewärmten Wassermengen der Wiederverwendung zugeführt werden.

Absetzbecken, Hochbehälter und Pumpenanlage sind bei der vorgeschlagenen Anlage in einem Anbau an den Spinnsaal untergebracht. Das Absetzbecken ist so tief gelegt, daß die abfließenden Wassermengen mit natürlichem Gefälle dahingeleitet werden können. Die Pumpen sind in einem Schacht neben dem Absetzbecken aufgestellt, und zwar auf gleicher Sohle mit dem Becken. Dadurch werden Ansaugschwierigkeiten, die bei Kreiselpumpen beim Betrieb mit warmem Wasser auftreten können, vermieden. Die Lage des Hochbehälters ist so gewählt, daß die Druckhöhe für die Überwindung der Rohrwiderstände zu den Zulaufleitungen ausreicht.

Absetzbecken und Hochbehälter sind mit Bodenventilen 24 versehen, die eine vollständige Entleerung und damit auch ein Ausspülen, das in gewissen Zeitabständen zur Reinigung erforderlich ist, ermöglichen.

Bei Verwendung von chemischen Zusätzen zum Spinnbade muß zunächst das gesamte umlaufende Wasservolumen auf die gewünschte Konzentration gebracht werden (z.B. während der Anwärmperiode durch Zusatz der errechneten Chemikalienmenge). Weiterhin ist es notwendig, dafür zu sorgen, daß das laufend zugesetzte Frischwasser die gleiche Konzentration wie das Spinnwasser erhält. In der geplanten Anlage wird dies durch ein entsprechendes Zusatzaggregat erreicht, das aus zwei, mit regelbarem Übersetzungsverhältnis starr verbundenen Zahnradpumpen 17 besteht. Zahnradpumpe 17a ist als Frischwasserpumpe gedacht. Soll beispielsweise die Menge des Zusatzes 2 g/l Spinnwasser betragen, wird zweckmäßig im Zusatzbehälter 16 eine Mischung von 15facher Konzentration (30 g/l) hergestellt. Die Frischwasserpumpe muß dann auf die 15fache Leistung der Chemikalienzusatzpumpe 17b eingestellt sein. Für die Abmessung des Zusatzbehälters, der für einmalige Füllung je Arbeitstag ausreichen soll, ist die Tagesmenge des zuzusetzenden Frischwassers maßgebend, die

21 cbm in 8 Stunden beträgt. Das ergibt eine tägliche Chemikalienzusatzmenge von 42 kg und daraus ein Fassungsvermögen für den Ansatzbehälter von 1,40 cbm (ausgeführt 1,75 cbm). Die gekoppelte Pumpenanlage wird durch den bereits erwähnten Schwimmer 19 im Absetzbecken in Tätigkeit gesetzt. Der Mischbehälter 16 wird durch eine Heizschlange 26 erwärmt. Rührwerk 25 sorgt für eine Durchmischung des Inhalts.

23 und 27 sind Kondenstöpfe für die Heizsysteme 7 und 12 bzw. 26.

Das Gebrauchswasser für die Maschinen und die Saalreinigung wird aus einer getrennten Zuleitung, in bestehenden Spinnereien aus der bisherigen Anlage entnommen.

gez. Dipl.-Ing. W. R o h s

Bielefeld, den 19. November 1951

Versuchsdurchführung:
Text.-Ing. G. Heller

Forschungsberichte
des Wirtschafts- und Verkehrsministeriums
Nordrhein-Westfalen

Herausgegeben von Ministerialdirektor Dipl.-Ing. L. Brandt

Bisher sind erschienen:

Heft 1: Prof.Dr.-Ing.habil. Eugen Flegler, Aachen
   Untersuchungen oxydischer Ferromagnet-Werkstoffe

Heft 2: Prof.Dr.phil. Walter Fuchs, Aachen
   Untersuchungen über absatzfreie Teeröle

Heft 3: Technisch-Wissenschaftliches Büro für die
   Bastfaser-Industrie, Bielefeld
   Untersuchungsarbeiten zur Verbesserung des Leinenwebstuhls

Heft 4: Prof.Dr. E.A. Müller und Dipl.-Ing. H. Spitzer, Dortmund
   Untersuchungen über die Hitzebelastung in Hüttenbetrieben

Heft 5: Dipl.-Ing. Werner Fister, Aachen
   Prüfstand der Turbinenuntersuchungen

Heft 6: Prof.Dr.phil. Walter Fuchs, Aachen
   Untersuchungen über die Zusammensetzung und Verwendbarkeit
   von Schwelteerfraktionen

Heft 7: Prof.Dr.phil. Walter Fuchs, Aachen
   Untersuchungen über emsländisches Petrolatum

Heft 8: Maria Elisabeth Meffert und Heinz Stratmann
   Algen-Grosskulturen im Sommer 1951

Heft 9: Technisch-Wissenschaftliches Büro für die Bastfaserindustrie, Bielefeld

Untersuchungen über die zweckmässige Wicklungsart von Leinengarnkreuzspulen unter Berücksichtigung der Anwendung hoher Geschwindigkeiten des Garnes

Vorversuche für Zetteln und Schären von Leinengarnen auf Hochleistungsmaschinen

In Vorbereitung

Heft 10: Prof.Dr. Wilhelm Vogel, Köln-Nippes

"Das Streifenpaar" als neues System zur mechanischen Vergrösserung kleiner Verschiebungen und seine technischen Anwendungsmöglichkeiten

Heft 11: Laboratorium für Werkzeugmaschinen und Betriebslehre Technische Hochschule Aachen

1.) Untersuchungen über Metallbearbeitung im Fräsvorgang mit Hartmetallwerkzeugen und negativem Spanwinkel

2.) Weiterentwicklung des Schleifverfahrens für die Herstellung von Präzisionswerkstücken unter Vermeidung hoher Temperaturen

3.) Untersuchung von Oberflächenveredlungsverfahren zur Steigerung der Belastbarkeit hochbeanspruchter Bauteile.

Heft 12: Elektro-Wärmeinstitut, Langenberg/Rhld.

Erwärmung von Netzfrequenz

Heft 13: Techn.-Wissenschaftl. Büro für die Bastfaserindustrie, Bielefeld

Das Naßspinnen von Bastfasergarnen mit chemischen Zusätzen zum Spinnbad

Heft 14: Forschungsstelle für Acetylen, Dortmund
Untersuchungen über Aceton als Lösungsmittel für Acetylen

Heft 15: Wäschereiforschung Krefeld
Trocknen von Wäschestoffen

Heft 16: Max Planck-Institut für Kohleforschung, Mülheim/Ruhr
Arbeiten des MPI für Kohleforschung

Heft 17: Ingenieurbüro Herbert Stein, M-Gladbach
Untersuchungen der Verzugsvorgänge in den Streckwerken verschiedener Spinnereimaschinen

Heft 18: Wäschereiforschung Krefeld
Grundlagen zur Erfassung der chemischen Schädigung beim Waschen

Heft 19: Techn.-Wissenschaftl. Büro für die Bastfaserindustrie, Bielefeld
Die Auswirkung des Schlichtens von Leinengarnketten auf den Verarbeitungswirkungsgrad, sowie die Festigkeits- und Dehnungsverhältnisse der Garne und Gewebe

Heft 2o: Techn.-Wissenschaftl. Büro für die Bastfaserindustrie, Bielefeld
Trocknung von Leinengarnen I
Vorgang und Einwirkung auf die Garnqualität

Heft 21: Techn.-Wissenschaftl. Büro für die Bastfaserindustrie Bielefeld
Trocknung von Leinengarnen II
Spulenanordnung und Luftführung beim Trocknen von Kreuzspulen

Veröffentlichungen
der Arbeitsgemeinschaft für Forschung
des Landes Nordrhein-Westfalen

Heft 1:
Prof.Dr.-Ing. Friedrich Seewald, Technische Hochschule Aachen
  Neue Entwicklungen auf dem Gebiete der Antriebsmaschinen
Prof.Dr.-Ing. Friedrich A.F. Schmidt, Technische Hochschule Aachen
  Technischer Stand und Zukunftsaussichten der Verbrennungs-
  maschinen, insbesondere der Gasturbinen
Dr.-Ing. R. Friedrich, Siemens-Schuckert-Werke A.-G., Mülheimer Werk
  Möglichkeiten und Voraussetzungen der industriellen Verwertung
  der Gasturbine
       52 Seiten, 15 Abbildungen, kartoniert DM 4,25

Heft 2:
Prof.Dr.-Ing. Wolfgang Rietzler, Universität Bonn
  Probleme der Kernphysik
Prof.Dr.phil. Fritz Micheel, Universität Münster
  Isotope als Forschungsmittel in der Chemie und Biochemie
       4o Seiten, 1o Abbildungen, kartoniert DM 3,2o

Heft 3:
Prof.Dr.med. Emil Lehnartz, Universität Münster
  Der Chemismus der Muskelmaschine
Prof.Dr.med. Gunther Lehmann, Direktor des Max-Planck-Institutes
  für Arbeitsphysiologie, Dortmund
  Physiologische Forschung als Voraussetzung der Bestgestaltung
  der menschlichen Arbeit
Prof.Dr. Heinrich Kraut, Max-Planck-Institut für Arbeitsphysiologie,
  Dortmund
  Ernährung und Leistungsfähigkeit
       6o Seiten, 35 Abbildungen, kartoniert DM 5,--

Heft 4:
Prof.Dr. Franz Wever, Max-Planck-Institut für Eisenforschung, Düsseldorf
    Aufgaben der Eisenforschung
Prof.Dr.-Ing. Hermann Schenck, Technische Hochschule Aachen
    Entwicklungslinien des deutschen Eisenhüttenwesens
Prof.Dr.-Ing. Max Haas, Technische Hochschule Aachen
    Wirtschaftliche Bedeutung der Leichtmetalle und ihre
    Entwicklungsmöglichkeiten
            6o Seiten, 2o Abbildungen, kartoniert DM 6,--

Heft 5:
Prof.Dr.med. Walter Kikuth, Medizinische Akademie Düsseldorf
    Virusforschung
Prof.Dr. Rolf Daneel, Universität Bonn
    Fortschritte der Krebsforschung
Prof.Dr.med., Dr.phil. W. Schulemann, Universität Bonn
    Wirtschaftliche und organisatorische Gesichtspunkte für
    die Verbesserung unserer Hochschulforschung
            5o Seiten, 2 Abbildungen, kartoniert DM 4,--

Heft 6:
Prof.Dr. Walter Weizel, Institut für theoretische Physik, Bonn
    Die gegenwärtige Situation der Grundlagenforschung in der Physik
Prof.Dr. Siegfried Strugger, Universität Münster
    Das Duplikantenproblem in der Biologie
Direktor Dr. Fritz Gummert, Ruhrgas A.-G., Essen
    Überlegungen zu den Faktoren Raum und Zeit im biologischen
    Geschehen und Möglichkeiten einer Nutzanwendung
            64 Seiten, 2o Abbildungen, kartoniert DM 4,--

Heft 7:
Prof.Dr.-Ing. August Götte, Technische Hochschule Aachen
    Steinkohle als Rohstoff und Energiequelle
Prof.Dr.e.h. Karl Ziegler, Max-Planck-Institut für Kohleforschung
    Mülheim/Ruhr
    Über Arbeiten des Max-Planck-Institute für Kohleforschung

Heft 8:
Prof.Dr.-Ing. Wilhelm Fucks, Technische Hochschule Aachen
    Die Naturwissenschaften, die Technik und der Mensch
Prof.Dr.sc.pol. Walther Hoffmann, Universität Münster
    Wissenschaftliche und soziologische Probleme des technischen
    Fortschritts
        84 Seiten, 12 Abbildungen, kartoniert DM 6,5o

Heft 9:
Prof.Dr.-Ing. Franz Bollenrath, Technische Hochschule Aachen
    Zur Entwicklung warmfester Werkstoffe
Dr. Heinrich Kaiser, Staatl.Materialprüfamt Dortmund
    Stand spektralanalytischer Prüfverfahren und Folgerung für
    deutsche Verhältnisse

Heft 1o:
Prof.Dr. Hans Braun, Universität Bonn
    Möglichkeiten und Grenzen der Resistenzzüchtung
Prof.Dr.-Ing. Karl Heinrich Dencker, Universität Bonn
    Der Weg der Landwirtschaft von der Energieautarkie zur
    Fremdenergie
        74 Seiten, 23 Abbildungen, kartoniert DM 6,8o

Heft 11:
Prof.Dr.-Ing. Herwart Opitz, Technische Hochschule Aachen
    Entwicklungslinien der Fertigungstechnik in der Metallbearbeitung
Prof.Dr.-Ing. Karl Krekeler, Technische Hochschule Aachen
    Stand und Aussichten der schweisstechnischen Fertigungsverfahren

Heft 12:
Dr. Hermann Rathert, Mitglied des Vorstandes der Vereinigten
    Glanzstoff-Fabriken A.-G., Wuppertal-Elberfeld
    Entwicklung auf dem Gebiet der Chemiefaser-Herstellung
Prof.Dr. Wilhelm Weltzien, Direktor der Textilforschungsanstalt
    Krefeld
    Rohstoff und Veredlung in der Textilwirtschaft
        84 Seiten, 29 Abbildungen, kartoniert DM 7,--

Heft 13:
Dr.-Ing.e.h. Karl Herz, Chefingenieur im Bundesministerium für das
Post und Fernmeldewesen Frankfurt/Main
Die technischen Entwicklungstendenzen im elektrischen Nachrichtenwesen
Ministerialdirektor Dipl.-Ing. Leo Brandt, Düsseldorf
Navigation und Luftsicherung

Heft 14:
Prof.Dr. Burkhardt Helferich, Universität Bonn
Stand der Enzymchemie und ihre Bedeutung
Prof.Dr.med. Hugo Knipping, Direktor der Universitätsklinik Köln
Ausschnitt aus der klinischen Carcinomforschung am Beispiel
des Lungenkrebses
72 Seiten, 12 Abbildungen, kartoniert DM 6,25

Heft 15:
Prof.Dr. Abraham Esau, Technische Hochschule Aachen
Die Bedeutung von Wellenimpulsverfahren in Technik und Natur
Prof.Dr.-Ing. Eugen Flegler, Technische Hochschule Aachen
Die ferromagnetischen Werkstoffe in der Elektrotechnik und
ihre neueste Entwicklung

Heft 16:
Prof.Dr.rer.pol. Rudolf Seyffert, Universität Köln
Die Problematik der Distribution
Prof.Dr.rer.pol. Theodor Beste, Universität Köln
Der Leistungslohn
70 Seiten, 1 Abbildung, kartoniert DM 4,50

Heft 17:
Prof.Dr.-Ing. Friedrich Seewald, Technische Hochschule Aachen
Luftfahrtforschung in Deutschland und ihre Bedeutung für die
allgemeine Technik
Prof.Dr.-Ing. Edouard Houdremont, Essen
Art und Organisation der Forschung in einem Industrieforschungsinstitut der Eisenindustrie

Weitere Hefte sind in Vorbereitung

WESTDEUTSCHER VERLAG
KÖLN und OPLADEN

MIX
Papier aus verantwortungsvollen Quellen
Paper from responsible sources
FSC® C105338

If you have any concerns about our products,
you can contact us on
ProductSafety@springernature.com

In case Publisher is established outside the EU,
the EU authorized representative is:
Springer Nature Customer Service Center GmbH
Europaplatz 3, 69115 Heidelberg, Germany

Printed by Libri Plureos GmbH
in Hamburg, Germany